일반화학실험

일반화학실험

Experiments in General Chemistry

서지원 · 조춘실 · 이연재 저

서 문

화학은 실험의 학문이다

이공계 학생들이 신입생 때 수강하게 되는 일반화학실험 과목은 예전부터 대학생들에게 인기가 없는 과목이었다. 지구상 어느 곳에서도 공통적인 것 같다. 2011년 캘리포니아 공과대학(Caltech)을 방문하였다. 이공계 과목에 자신 있다는 학생들이 모여드는 학교다. 이곳 칼텍의 화학교수들이 일반화학실험을 재미있게 만들어보고자, 새로운 projected-based open-ended 커리큘럼을 개발하였다고 한다. 그런데 일부 마니아 학생들을 제외하고 대부분의 학생들은 바뀐 커리큘럼을 더 싫어하였고, 요리할 때 레서피처럼 정형화된 프로토콜이 제공되지 않음에 불안해하였다고 한다. 이 모습을 보고 칼텍은 전통적인 일반화학실험(소위 cookbook chemistry)으로 되돌아오게 되었다는 이야기를 듣게 되었다. 일반화학실험은 화학교수들이 항상 고민하는 과목이다. 일반화학실험이 딱딱하지 않았으면 좋겠다는 생각들을 한다. 그렇다고 일반화학실험에서 반드시 배워야 할 기초에서 벗어날 수도 없고, 너무 파격을 하면 대학 화학실험에서 다져야 할 기초를 잃어버리게 된다는 우려가 있었다. 가능하면 우리 선배들이 해온 대로 하는 것이 순리에 맞고 진화는 천천히 시간을 두고 일어나는 것이 좋다는 결론을 내렸다.

화학은 분자의 학문이고 변화의 학문이라고 말한다. 여기에 한 가지 더하면, 화학은 실험의 학문이라고들 말한다. 화학에서 다루는 분자와 그 혼합물들은 그 자체가 수학적 모델링을 하기에 전자가 너무나 많고, 입자들 사이의 상호작용과 변화를 수학적으로 예측하기에 아직은 너무 어려운 경우가 다수이다. 그렇다 보니 화학에서는 실험으로 현상을 발견하고 이론으로

이 발견을 설명하는 경우가 많은 것 같다. 물리에서 수학적 이론으로 예측한 것을 실험으로 증명하는 것과 반대 상황인 것이다. 실험이 중요시되는 학문이기 때문에 화학에서 실험의 중요성을 아무리 강조해도 지나치지 않고, 기초적인 초자 다루는 법, 정량/정성 분석, 실험실 안전 등을 강조하게 된다. 그 첫출발이 일반화학실험이다.

비타민 C 하면 레몬이 아니고 분자 구조를 생각하는 사람들

좀 이상하게 들리겠지만, 화학을 오랫동안 공부하다 보니 생긴 직업병이다. 책이나 신문, 다양한 광고 문구들을 읽으면서 보게 되는 분자들, 카페인, 탄닌, 타우린, 니코틴 등 이러한 단어들을 보게 되면 분자 구조가 머릿속으로 떠올려진다. 구조를 모르겠으면 바로 구글이나 위키피디아에서 분자 구조를 찾아보게 된다.

다음은 주꾸미를 광고하는 문구들이다.

> "주꾸미는 지방이 매우 적어 칼로리가 낮으면서 우리 몸에 꼭 필요한 필수 아미노산이 풍부하게 함유되어 있어 다이어트 식품으로 좋습니다."

이 문장을 보면, 지방과 칼로리는 안 좋은 이미지, 아미노산은 좋은 이미지로 우리 대중들에게 각인되어 있다는 것을 알게 된다. 다음 문구로 넘어가보자.

> "주꾸미에는 DHA 성분이 풍부하게 함유되어 있어 두뇌발달에 좋습니다."

이 말을 들으면 DHA는 좋다는 말인데, DHA가 도대체 뭐길래? DHA를 위키피디아에서 찾아보면 docosahexaenoic acid의 약자란 것을, 그리고 구조를 좀 더 보면 DHA는 지방이란 것을 알게 된다. 같은 주꾸미 광고 문구에 지방이 좋은 놈과 나쁜 놈 두 얼굴로 등장한다. 소위 불포화 지방산, 오메가 3에 속하는 DHA는 신경세포의 세포막을 만드는 데 중요한 구성 물질이라는 것을 또 알게 된다. 오메가 3는 우리 몸에서 생합성할 수 있는 것이 아니니, 식품을 통해 섭취하는 것이 좋겠다.

> "주꾸미에는 타우린 성분이 풍부하게 함유되어 있어 간장의 해독기능을 강화하고 혈중 콜레스테롤치를 줄여주며 근육의 피로회복을 도와줍니다."

타우린은 좋은 녀석이고 콜레스테롤은 나쁜 녀석으로 각인되어 있다. 아미노산의 하나인 시스테인으로부터 생합성되는 타우린은 스테로이드 구조를 갖는 담즙산(bile acid)에 연결되어 이 담즙산들이 간의 세포 내로 수송되는 것을 돕는다. 타우린이 없으면 담즙산이 수송이 안 되니, 우리 몸의 간에서 담즙이 하는 일(대사, 해독 등)에 중요하다고 할 수 있다. 콜레스테롤은 항상 나쁜 녀석으로 알려져 있는데, 이것도 콜레스테롤 입장에서 생각해보면 참 답답할 것 같다. 우리 세포막의 구성 성분으로 무척이나 중요한 일을 하며 봉사하고 있는데, 어느 순간부터 우리 식단에 채소/곡물이 아닌 육류, 닭의 알, 소의 젖 등으로 만든 식품들이 많아져서, 사람으로 하여금 필요 이상 많은 콜레스테롤을 섭취하게 만든 것이 문제인 것을.

> "주꾸미의 먹물 속에는 항암작용과 위액분비 촉진작용을 도와주는 물질이 있다고 하며, 옛날 어촌에서는 주꾸미 먹물을 이용하여 치질을 치료했고, 여성들의 생리불순을 해소하는 데에도 탁월한 효능이 있다고 합니다."

이 정도면 주꾸미는 거의 만병통치약이군. 주꾸미를 광고하는 사람 입장에서 주꾸미가 우리 몸에 너무너무 좋다는 것을 앞의 문장들로 충분히 설명 못했다는 아쉬움이 있었던가 보다. 뭔가가 들어 있는데, 그게 정확히 뭔지는 모르겠지만 우리 몸에 참 좋다더라고 말하며 광고 문구가 마무리된다. 화학을 공부한 나 같은 사람들은 그게 도대체 뭔데?라고 바로 질문을 던지게 되고. 뭔지도 모르는 상태에서 주꾸미 먹물이 치질에 좋다는 효능이 확실히 검증이 되었다면, 그 약효를 띠는 물질(=분자)을 찾는 연구를 시작했겠지. 아마도 이미 누군가가 그 '뭔가'에 해당하는 분자를 찾았을 것 같다는 생각은 들지만.

화학이 재미있는 이유는 우리의 삶과 자연의 많은 현상들이 화학을 통해서, 즉 분자의 수준에서 설명이 되기 때문인 것 같다. 앞의 주꾸미의 예에서 지방, 아미노산, DHA, 타우린, 콜레스테롤 등이 모두 분자인데, 이 분자를 섭취하면 우리 몸에서 무슨 일들이 일어날까 계속 생각하다 보면, 곧 나 스스로의 공부가 부족함을 깨닫게 되고, 그래서 계속 공부하게 된 것 같다. 화학은 우리에게 너무도 친숙한 학문이고, 우리 생활에 꼭 필요한 학문이다.

반면에 화학만큼 사람들이 두려워하는 학문도 없을 것이다. 소위 화학 공포증(chemophobia)이라 불리는 이 현상은 우리가 살면서 화학에 대하여 갖는 이미지가 독극물, 발암물질, 불산 유출 사고, 물을 더럽히는 폐수, 유기용매, 폭발물, 해골이나 화염 표시가 그려진 시약병, 농약을 먹고 자살한 농부, 유해성 생활용품 등등이 너무 우리의 뇌리에 깊게 자리 잡고 있어서가 아닐까? 복잡한 유리초자에 시약들을 섞어서 독극물을 만들어내는 마녀나 금을 만들려고 부글부글 끓는 용액에 이것저것 섞는 탐욕에 가득 찬 연금술사들, 그런 이미지들이 화학을 대중들이 두려워하는 학문으로 만들게 되었던 게 아닌가 싶다. 그리고 화학 공포증을 떠올리는 것들에 대해서 가만히 들여다보면, 모두 안전(safety)과 연결이 되는 것 같다. Safety must come first! 안전제일. 항상 안전한 환경을 만들고, 안전사고에 대비하면 어느 정도는 화학 공포증이 줄어들게 되지 않을까?

화학은 물질의 구조(structure)와 특성(property) 그리고 기능(function)과 작용(activity)에 많은 관심을 갖는다. 그렇기 때문에 우리의 실제 생활에 많은 연관을 갖는 것일 것이다. 안티에이징 화장품 첨가제를 만드는 것도, 로켓에 사용되는 가볍고 열에 견디는 소재를 만들어내는 것도, 새로운 항암제를 만들어내는 것도, 연료전지에 들어가는 촉매를 만들어내는 것도 그 과정에 화학이 핵심적인 역할을 한다. 실험의 학문인 화학, 그 첫발을 일반화학실험을 통해서 차근차근 디뎌 나가면서 학생들이 화학의 즐거움을 만끽할 수 있게 되기를 소망한다.

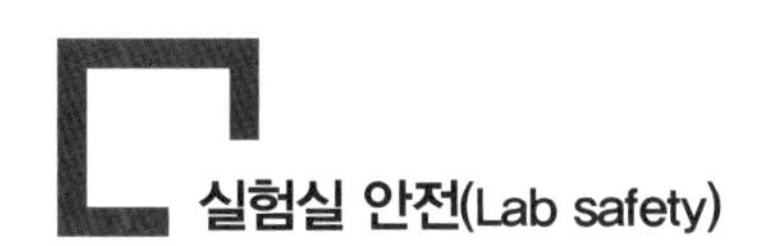

실험실 안전(Lab safety)

화학실험에서는 위험한 시약과 유기용매, 기구를 다루기에 실험실에서 일어나는 사고는 자신뿐 아니라 동료에게도 심각한 피해를 미칠 수 있다. 아래의 실험실 안전 규칙을 항상 숙지하여 사고를 예방하고, 만약 사고가 일어났을 때 올바른 대처를 할 수 있도록 해야 한다.

실험실 내에서 지켜야 할 일

1. 실험실에서 적절한 복장을 갖추어 신체를 보호한다.
   A. **보안경**을 항상 착용하여 눈을 보호한다. 콘택트렌즈의 경우, 유기용매 등 화학약품의 증기가 렌즈와 안구 사이에 포집되어 눈에 손상을 줄 수 있으므로 콘택트렌즈 착용을 금지한다.
   B. 앞 코가 막혀 있고 잘 미끄러지지 않는 **안전한 신발**을 신어 발을 보호한다. 하이힐, 슬리퍼 등 실험실에서 적합하지 않은 신발 착용을 금지한다.
   C. **발목을 덮는 길이의 바지**를 착용한다. 반바지나 치마 등은 다리 보호에 적합하지 않으므로 금지한다.
   D. **실험복**을 항상 착용하여 화학약품으로부터 보호한다.
   E. **라텍스 혹은 나이트릴 장갑을** 착용하여 손을 보호한다. 라텍스는 수용액, 나이트릴은 유기용매 사용 시에 적합하나, 어떠한 소재의 장갑도 화학약품으로부터 완벽히 보호해주지 못하므로, 장갑에 시약이 묻을 경우 바로 갈아 끼운다.
   F. 실험실에서 장신구(귀걸이, 반지, 팔찌 등)를 착용하지 않는다. 장신구를 착용한 피부에 화학약품이나 그 증기가 닿으면 장신구와 반응하여 피부 알레르기를 유발하거나 심각

한 손상을 입힐 수 있다.

G. 머리카락을 묶어 실험 중 머리카락에 시약이 묻는 일을 방지한다.

H. 스카프와 목도리를 착용하지 않는다. 스카프와 목도리가 가열 기구에 닿아 화재가 발생하거나 시약에 닿아 옷에 묻는 사고가 발생할 수 있으며, 물리적 기기 장치에 끼이는 사고가 일어나 큰 사고로 이어질 수 있다.

2. 절대 화학약품의 냄새를 직접적으로 맡거나 맛을 보려 하지 않는다.
3. 실험실에 혼자 남아 실험하지 않는다. 필요한 경우 반드시 조교의 입장하에서 실험을 진행한다.
4. 허가받지 않은 실험을 하지 않는다. 실험 수업 전 항상 실험의 내용을 숙지하여 시약과 화학반응의 특성을 파악한다.
5. 실험실에 비치한 소화기, 구급상자, 안전 샤워장치, 안구 세척장치 등의 위치를 파악하여 사고에 대비하고, 사고 발생 시 사용하여 피해를 줄인다.
6. 모든 사고는 사안의 경중에 관계없이 조교에게 알리고 지시를 따른다.
7. 실험을 마친 후 사용한 시약은 절대로 하수구에 버리지 않는다. 조교의 지시에 따르고, 시약의 성상에 따라 분류하여 처리한다.

흄 후드(hume 후드) 사용

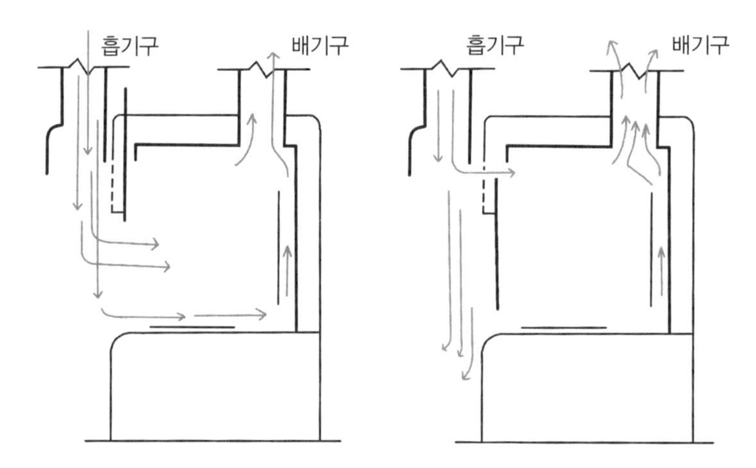

출처 : https://researchsafety.northwestern.edu/general-lab-safety/chemical-fume-hood-handbook

1. 앞의 그림처럼, 흄 후드 내의 흡기 장치와 새시 상단의 배기 장치를 사용하여 실험이 진행되는 흄 후드 내부와 외부 간의 공기 흐름을 차단하여 안전한 실험을 할 수 있게 해준다.
2. 흄 후드 사용 시 항시 배기와 흡기 장치의 전원을 켜고 사용하며, **실험을 진행하는 동안에는 새시를 15 cm 이상 올려 사용하지 않도록 한다.** 특히 휘발성 화합물 사용 시 후드 내의 공기 흐름이 밖으로 나오지 않도록 새시를 정해진 높이 이상 올리지 않는 것이 중요하다.
3. 실험 중 흄 후드 안에서 작업하거나 관찰을 할 경우, 화학약품의 증기를 흡입할 위험이 있다. 후드 내부에 유독성 화합물이 있는 경우, 실험 대상을 관찰할 때, 새시를 내리고 외부에서 관찰한다.

사고 발생 시 응급처치 방법

실험실에서 사고가 일어났을 때는 아래의 사항을 참고하여 대처하도록 하며, 모든 사고는 즉시 **조교에게 보고**하고, 조교의 지시를 따라 피해를 최소화한다.

1. 시약을 쏟았을 때

   쏟은 시약이 피부나 옷에 묻었을 경우 흐르는 물에 10분 이상 세척한다. 시약으로 인해 피부에 상처가 생겼을 경우 깨끗한 거즈로 응급처치를 한 후, 의사의 진료를 받는다.

2. 안구에 시약이 들어갔을 때

   실험실에 비치된 안구 세척 장치를 사용하여 10분 이상 세척하고, 의사에게 적절한 치료를 받는다.

3. 불이 났을 때

   A. 조교에게 바로 알리고, 지시에 따른다.

   B. 화재 시 주변에 바로 알려 모두 안전한 대피를 할 수 있도록 한다. 초기진압이 가능한 화재의 경우 화학 화재용 소화기 혹은 모래를 이용하여 불을 진화한다. 절대 물을 이용하여 불을 끄려 하지 않는다.

   C. 옷에 불이 붙었을 경우, 뛰어다니지 말고 바닥에 누운 후 실험복이나 소화 담요를 이용하여 불을 끈다. 얼굴과 먼 부위일 경우 화재용 소화기를 사용해도 된다. 유기용매에 의한 불이 아닌 경우 물을 사용해도 된다.

4. 화상을 입었을 때

실험 중 화상을 입었을 때는 흐르는 차가운 물에 화상 부위를 깨끗이 씻은 후, 조교의 도움을 받아 응급처치를 진행한다. 화상이 심한 경우 환자를 병원으로 이송한다.

5. 폭발하였을 때

반응용기나 시약이 폭발할 경우, 즉시 실험실 모두에게 알려 대피하도록 한다.

6. 베었을 때

상처를 흐르는 물로 세척 후 소독한다. 상처 부위에 이물질이 박혔을 경우 소독액으로 세척 후 병원에서 진료를 받는다.

7. 시약을 흡입하거나 마셨을 때

시약이 구강에 들어갔거나, 식도로 넘어 갔을 때 손가락으로 구역질을 유도하여 모두 토하도록 한 후 물로 구강 내를 세척한다. 즉시 의사의 치료를 받는다.

8. 유독가스를 마셨을 때

유독한 가스나 시약의 증기를 마셨을 경우 실험실에서 나와 통풍이 잘되는 곳에서 신선한 공기를 낮은 자세(앉거나 누어서)로 깊게 호흡한다. 다량의 유독한 기체를 마셨을 경우 의사의 진료를 받는다.

실험노트 작성법

실험노트는 실험자의 편의나 취향에 따라서 적는 자신을 위한 문서가 아니고, 추후에 이 문서를 보고서 실험내용을 재현하고자 하는 사람 등을 위해 작성하는 문서로 생각해야 한다. 연구자들이 실험노트를 작성하는 것은 실험의 결과와 함께 실험에서 수행된 작업을 자세히 기록하는 것이다. 실제 연구 현장에서 실험노트는 법적인 효력을 갖는 문서이다. 특허 분쟁 시 연구 결과의 우선권을 증명하거나 연구 부정 여부를 판단할 필요가 있을 때 쓰일 수 있는 중요한 문서이다. 실험노트 작성과 관련하여 가장 기본적으로 지켜야 할 다음의 사항을 숙지하도록 하자.

실험노트 작성 시 주의사항

1. 스프링 노트를 사용하지 않는다. 실험자가 주관적으로 실험노트 일부 페이지를 삭제한 것이 기록/증거로 남을 수 있는 노트를 사용해야 한다.
2. 실험노트 각 장에 매겨진 일련번호를 확인한다.
3. 완료된 페이지에 공란이 없는지, 건너뛴 페이지가 없는지 확인한다. 공란이 있다면 커다랗게 사선을 긋는다.
4. 지워지거나 번지지 않는 필기구를 사용하여 작성한다.
5. 노트의 각 장마다 날짜를 적은 후 실험 진행 순서대로 작성한다.
6. 실험계획, 방법, 결과, 토의 내용 등 실험에 관련한 모든 것을 위조·변조 없이 객관적인

사실만을 기록한다.

7. 정확하고 구체적으로 기록하여 다른 연구자가 재현할 수 있도록 한다.
8. 기록을 수정할 경우 최초 기록이 보이도록 수정한다. 최초 기록을 지우개나 수정액으로 지우지 말고, 볼펜으로 취소선을 그은 후 옆에 수정된 내용을 기록한다.

실험노트 작성

1. **제목 및 날짜(topic and date)** : 실험을 시작할 때 제목과 날짜를 기록한다.
2. **실험 목표(objectives)** : 실험을 통해 배울 수 있는 것을 기술한다. 예를 들어, "에스터화 반응을 이용하여 살리실산으로부터 아스피린을 합성할 수 있다."
3. **실험 원리(introduction)** : 실험을 하기 위해 필요한 개념 설명 및 정의를 기록한다. 주요 화학반응에 대한 화학반응식 및 반응 메커니즘을 보여준다.
4. **기구 및 시약(materials)** : 실험에 필요한 기구 및 시약을 기록한다. 시약의 물리적, 화학적 특성(예 : mp, bp, pKa 등) 및 연구안전에 관련된 내용(예 : 독성, 폭발성 등)을 조사한다. 필요한 시약의 양을 계산한다.
5. **실험 방법(method)** : 실험의 각 단계를 기록한다. 실험 방법을 머릿속으로 그려보고 각 단계별로 요약한다. 순서도(flow chart) 형태로 작성하는 것도 좋은 방법이다.
6. **실험 결과(results)** : 실험 중에 관찰한 내용을 상세히 기록한다. 실험 중 측정한 값은 측정 즉시 기록하도록 한다. 실험 재현 시 중요한 부분으로 최대한 정확하게 다른 사람이 알아볼 수 있도록 기록한다.
7. **데이터 분석(data analysis)** : 데이터 테이블을 수집한 경우 그래프로 표시하도록 한다. 물질을 합성했을 경우 수득률을 계산하고 물리적 데이터(녹는점, IR 등)를 확인한다.
8. **토의(discussion)** : 실험 결과로부터 유추할 수 있는 본인의 결론을 실험 목표를 고려하여 기록한다. 실험 전에 예측한 결과와 실제 관찰한 결과에 차이가 있다면 그 이유에 대해서 토의하도록 한다. 실험 오차와 실험이 가지는 의미를 분석한다. 실험 결과를 개선할 수 있는 방법을 제시한다.

CONTENTS

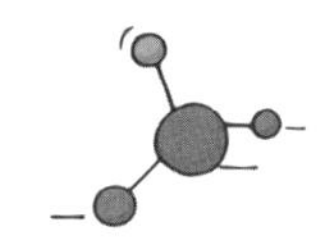

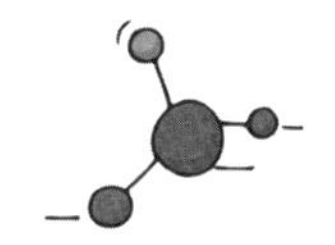

정확도와 정밀도
(Accuracy and precision)

01

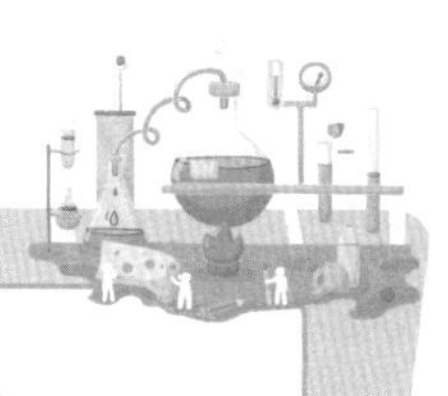

정확도와 정밀도(Accuracy and precision)

목표

✓ 다양한 부피 측정 기구를 이용하여 각 기구의 정밀도 차이를 이해한다.
✓ 백분율 오차(percent difference)를 계산하고, 정확한 유효숫자를 고려하여 값을 작성한다.

이론적 배경

화학실험에서는 적절한 실험 기술을 개발하고 실험 결과를 주의 깊게 관찰하며 정확한 해석을 통해 화학 문제에 대한 원하는 해결책을 얻는 방법을 배운다. 또한 강의에서 제시된 화학 원리와 이론이 실제 생활 상황에 어떻게 적용되는지 관찰할 수 있다.

이 실험에서는 화학실험에서 기본적인 측정법 중 질량, 부피, 온도 등을 측정해보고 정확도와 정밀도의 개념을 익히도록 한다. 또한 이를 통하여 유효숫자의 의미를 생각해본다.

유효숫자

오차의 범위를 정확하게 표기하기 위하여 사용하는 "측정 값이나 계산 값의 의미 있는 수"이다. 유효숫자를 결정하는 몇 가지 규칙을 살펴보면,

- 앞쪽에 있는 0은 유효숫자가 아니다. 예를 들어, 0.0061에서 유효숫자는 6과 1이다.
- 0이 아닌 두 수 중간에 있는 0은 모두 유효하다. 예를 들어, 106.1에서 0은 유효하며 따라서 유효숫자의 총 수는 4개가 된다.
- 수의 크기를 나타내기 위해 붙인 0은 유효하지 않다. 예를 들어, 470,000에서 4와 7은 유효

하지만 0은 자릿수를 표시하기 위한 것이기 때문에 유효하지 않다.

- 소수점 이하의 0은 유효하다. 예를 들어, 4.00의 유효숫자는 모두 3개이다.

유효숫자를 이용한 사칙연산

- 곱셈과 나눗셈 : 가장 적은 유효숫자를 기준으로 반올림한다. 예를 들면, 5.67 mL×(0.70 g/mL) =3.969 g일 때 0.70의 유효숫자가 2개로 가장 적으므로 유효숫자 2개로 맞추기 위해 4.0 g으로 반올림한다.
- 덧셈과 뺄셈 : 소수점상의 유효숫자가 가장 적은 쪽으로 맞추어 반올림한다. 예를 들면, 121.0 g−4.34 g=116.66 g일 때 121.0의 소수점 자리가 1개로 가장 낮으므로 결과 값도 여기에 맞춰 반올림하여 116.7 g이 된다.

백분율 오차(percent difference) 계산

백분율 오차(또는 백분율 편차)는 실험적으로 결정된 값이 주어진 값 또는 실제 값(예 : 신뢰할 수 있는 핸드북 또는 텍스트에서 찾은 값)과 얼마나 가까운지 알고자 할 때 계산된다. 계산에는 뺄셈과 나눗셈이 모두 있으므로 유효숫자의 수를 결정할 때 주의한다. 뺄셈 먼저 하여 유효숫자 결정한 후 나눗셈을 한다.

$$\text{백분율 오차} = \left| \frac{\text{실제 값} - \text{실험 값}}{\text{실제 값}} \right| \times 100\%$$

정확도와 정밀도

비전문가는 정확도와 정밀도를 구별하지 못할 수도 있지만 과학자에게는 다른 의미를 지닌다. 정확도는 실험 값이 실제 값과 얼마나 가까운지를 나타낸다. 원의 둘레를 25.00 cm, 지름을 8.000 cm로 하면 π의 값은 25.00/8.000=3.125가 된다. 값 3.125의 백분율 오차는 다음과 같다.

$$\left(\frac{3.1416 - 3.125}{3.1416} \right)(100\%) = 0.53\%$$

0.53%의 불균형은 결과의 정확도를 나타내는 척도이다.

정밀도는 측정의 재현성 또는 측정치가 얼마나 가깝게 일치하는지를 나타낸다. 정밀도는 종종 유효숫자의 수로 표시된다. 25.0 cm의 측정은 24.9 cm와 25.1 cm 사이에서 반복적으로 측정해야 하고, 25 cm의 측정은 24 cm와 26 cm 사이에서 측정해야 한다. 그러므로 25.0 cm와 25 cm를 비교했을 때 25.0 cm의 측정이 정밀도가 더 높다고 할 수 있다.

일반적으로 정확한 측정 값(accurate value)은 정밀한 값(precise value)이나, 예외적으로 그 반대의 경우도 있다. 매우 정밀하지 못한 측정 값(imprecise value)이라도, 우연히 정확한 값(accurate value)이 산출될 수 있다. 또는 측정 장치의 보정(calibration)이 잘못된 경우 정밀한 측정이 이루어졌더라도, 부정확한 측정 값(inaccurate value)이 나올 수 있다.

부피와 질량 측정 기구(부록 1. 화학 실험기구 참고)

거의 모든 화학실험에서는 물리적 또는 화학적 특성을 정확하게 측정해야 한다. 이 실험에서는 액체의 부피를 측정하는 수단으로 눈금실린더, 눈금이 매겨진 피펫 및 비커를 사용하는 방법을 배운다. 세 가지 측정 방법의 정확도와 정밀도는 물을 액체로 사용하여 비교한다. 물은 유리에 끌리므로 평평한 표면을 형성하는 대신 오목한 표면(바깥쪽 가장자리가 위로 향함)을 형성하므로 유리 장치를 사용할 때 오목한 곡면의 맨 아래에 맞춰 모든 부피를 측정해야 한다. 이것을 meniscus라 부른다. 그림 1은 부피를 읽을 때 사용할 올바른 눈 위치를 보여준다. 부정확한 위치 지정(시차라고 함)으로 인해 부피 측정치가 너무 크거나 작아질 수 있다. 이 부피의 정확한 판독 값은 82.0 mL이다.

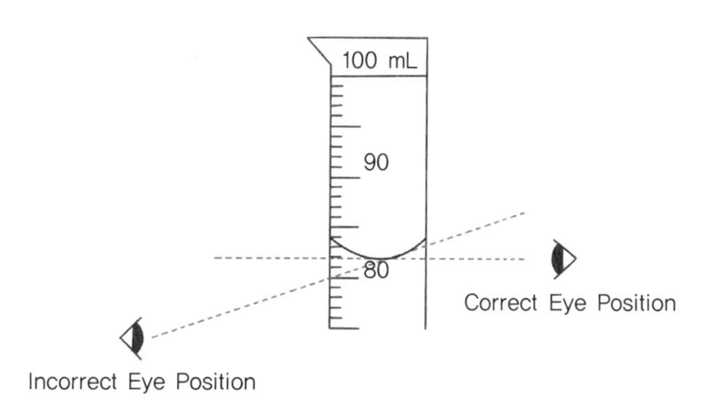

그림 1. 눈금실린더를 이용한 올바른 부피 측정

비커

그림 2. 비커

주로 화학반응을 하기 위한 액체 또는 용액을 넣어 각종 반응, 가열, 냉각, 방치, 교반 등에 널리 쓰인다. 작게는 1~3 mL 정도의 마이크로 비커에서 크게는 5 L 정도까지 있다. 비커의 눈금은 굵고 눈금이 있는 부분이 넓기 때문에 정확한 부피를 측정하기에는 적합하지 않다.

눈금실린더

그림 3. 눈금실린더

눈금실린더는 액체의 부피를 어림으로 측정하는 경우에 사용된다. 눈금실린더는 측정하고자 하는 액체의 부피에 알맞은 것을 사용해야 한다. 또한 눈금이 있는 부분이 넓기 때문에 부피 측정의 정밀도는 좋지 않다.

피펫

피펫은 일정한 양의 액체를 정확히 취하기 위해 사용하는 유리기구로 유리관의 중앙부에 부풀어진 곳이 있어서 일정 용적을 취할 수 있게 한 홀 피펫(volumetric pipets)과 뷰렛처럼 세밀하게 눈금이 있고 유출 도중에도 용적을 볼 수 있게 된 눈금 피펫(graduated pipets)으로 나뉜다. 피펫을 사용할 때는 피펫용 펌프를 사용하고 절대 입으로 빨아들이는 행동은 하지 않는다. 정밀도는 홀 피펫이 높지만 눈금 피펫은 임의 양의 액체를 취하는 데 편리하다.

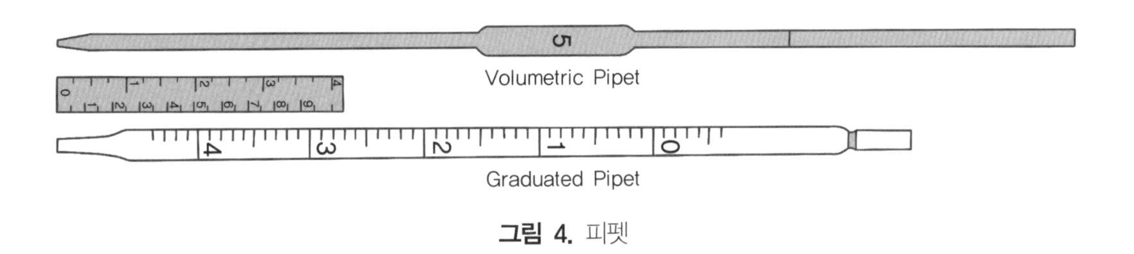

그림 4. 피펫

TC와 TD

피펫이나 뷰렛에는 TD 또는 Ex라는 표시와 온도가 적혀져 있다. TD는 "To deliver"의 약자로 옮긴 용액의 부피가 읽은 눈금에서 계산된 부피와 같다는 뜻이다. 반면에 부피 플라스크에는 TC, “To contain” 또는 In이라고 적혀 있는데 이는 눈금까지 액체를 채울 때 적혀 있는 부피가 들어간다는 뜻이다. 따라서 이 부피 플라스크의 액체를 다른 용기로 옮기면 일부가 용기 내에 남아 있으므로 적혀 있는 부피보다 적은 양이 옮겨진다.

일정한 양의 액체를 다른 용기에 넣을 때는 TD라고 표시된 기구를 사용하고, 일정한 양의 액체를 만들어서 그중 일부만을 사용하고자 할 때는 TC라고 표시된 기구를 사용한다.

실험 도구 및 시약

저울, 50 mL 부피 플라스크, 10 mL 피펫, 100 mL 비커, 10 mL 눈금실린더, 50 mL 눈금실린더, 100 mL 눈금실린더, 증류수

실험 과정

실험 A. 부피 플라스크의 정확도

1. 잘 건조되고 비어 있는 50 mL 부피 플라스크의 질량을 측정한다.
2. 질량이 측정된 부피 플라스크의 표시 부분까지 물을 채운다.
3. 물이 채워진 부피 플라스크의 질량을 측정한다.
4. 잘 건조되고 비어 있는 100 mL 비커를 저울 위에 놓고 “TARE” 버튼을 누른다.
5. 비커에 부피 플라스크에 담긴 물을 조심스럽게 따르고 질량을 측정한다.
6. 위 과정을 세 번 반복한다.

실험 B. 눈금실린더의 정확도

1. 잘 건조되고 비어 있는 50 mL 눈금실린더의 질량을 측정한다.
2. 질량이 측정된 눈금실린더에 50 mL 눈금까지 물을 채운다.
3. 물이 채워진 눈금실린더의 질량을 측정한다.

4. 잘 건조되고 비어 있는 100 mL 비커를 저울 위에 놓고 “TARE” 버튼을 누른다.

5. 비커에 눈금실린더에 담긴 물을 조심스럽게 따르고 질량을 측정한다.

6. 위 과정을 세 번 반복한다.

실험 C. 10 mL를 측정하기 위한 눈금실린더의 정확도

1. 잘 건조되고 비어 있는 10 mL, 50 mL, 100 mL 눈금실린더의 질량을 각각 측정한다.

2. 질량이 측정된 눈금실린더에 각각 10 mL 눈금까지 물을 채운다.

3. 물이 채워진 눈금실린더의 질량을 측정한다.

4. 잘 건조되고 비어 있는 100 mL 비커를 저울 위에 놓고 “TARE” 버튼을 누른다.

5. 비커에 눈금실린더에 담긴 물을 조심스럽게 따르고 질량을 측정한다.

6. 4~5 과정을 눈금실린더의 종류마다 각각 시행한다.

실험 D. 피펫의 정확도

1. 피펫 필러 사용법을 배운다.

2. 잘 건조되고 비어 있는 100 mL 비커의 질량을 측정한다.

3. 피펫으로 정확한 10 mL의 물을 측정한다.

4. 피펫에 담긴 10 mL의 물을 비커에 옮겨 질량을 측정한다.

5. 위 과정을 세 번 반복한다.

결과 및 토의

실험 A. 부피 플라스크의 정확도

	1st	2nd	3rd
Mass of volumetric flask			
Mass of volumetric flask+water			
Mass of water			
Density			
Mass of water in beaker			
Density			

실험 B. 눈금실린더의 정확도

	1st	2nd	3rd
Mass of graduated cylinder			
Mass of graduated cylinder+water			
Mass of water			
Density			
Mass of water in beaker			
Density			

실험 C. 10 mL를 측정하기 위한 눈금실린더의 정확도

	10 mL	50 mL	100 mL
Mass of graduated cylinder			
Mass of graduated cylinder+water			
Mass of water			
Density			
Mass of water in beaker			
Density			

실험 D. 피펫의 정확도

	1st	2nd	3rd
Mass of beaker			
Mass of beaker + water			
Mass of water			
Density			

1. 실내온도 ___________ °C

2. 온도에 따른 이론적 물의 밀도 값 ___________ g/mL

3. 실험 A와 B의 결과를 비교함으로써 얻을 수 있는 결론은 무엇인가?

4. 실험 C의 결과를 통해 어떠한 결론을 내릴 수 있는가?

5. 실험 C와 D의 결과를 비교함으로써 얻을 수 있는 결론은 무엇인가?

6. 25 mL 피펫, 100 mL 눈금실린더, 100 mL 부피 플라스크가 있다. 만일 여러분이 단 하나의 유리기구로 시료 250 mL를 취해야 한다면 어떤 유리기구를 선택할 것인가? 여러분의 실험 결과에 근거하여 그 이유를 설명하시오.

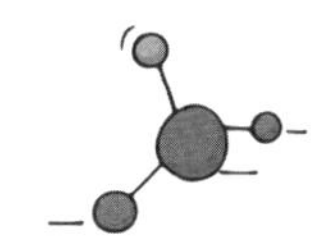

재결정과 녹는점 측정 (Recrystallization and melting point determination)

02

재결정과 녹는점 측정
(Recrystallization and melting point determination)

목표

✓ 혼합물을 두 개의 화합물로 분리한다.
✓ 재결정에 의해 분리한 화합물을 정제한다.
✓ 녹는점 측정을 통해 화합물을 분석하고 순도를 확인한다.

이론적 배경

혼합물을 분리하는 것은 혼합된 물질의 특성 중 차이가 뚜렷한 것들을 이용하는 것이다. 혼합물을 분리하는 방법으로 입자의 크기에 따라 분리하는 여과, 투석이 있고 끓는점 차이를 이용하는 단순증류나 분별증류가 있고 용해도 차이를 이용하는 추출과 재결정이 있다. 이번 실험에서는 혼합물 용액의 성질이 산성이냐 염기성이냐에 따라 용해도가 달라짐을 이용해서 두 개의 화합물로 분리하고, 녹는점을 측정함으로써 간단하게 분리된 화합물을 확인해보고자 한다.

재결정

고체 유기 화합물을 정제하는 가장 일반적인 방법으로 재결정이 있다. 이 정제법에서 고체 화합물은 용매에 용해된 다음 용액이 냉각되면 서서히 결정화된다. 화합물이 용액으로부터 결정화됨에 따라, 용액에 섞여 있는 다른 화합물 분자(불순물)는 성장하는 결정격자로부터 배제되어 순수한 고체를 제공한다.

고체의 결정화(crystallization)는 고체의 침전과 동일하지 않다. 결정화는 균일한 액상으로부터 일정한 모양과 크기를 갖는 고체입자를 형성하는 것이고, 침전은 모양과 크기가 일정하지 않은 무정형(amorphous) 고체입자를 생성하는 것이다. 따라서 침전에 의해 고체 생성물을 얻는 실험의 경우, 순수 화합물을 얻는 최종 단계로 재결정화를 포함한다.

재결정화는 대부분의 화합물에 있어서, 용매의 온도가 증가함에 따라 용매에서의 화합물의 용해도가 증가한다는 특성을 이용한다. 예를 들어, 실온의 물에서보다 매우 뜨거운 물(끓는점 바로 아래)에서 훨씬 더 많은 설탕을 용해시킬 수 있다. 뜨거운 설탕물을 실온으로 식히면 어떻게 될까? 용액의 온도가 낮아지면 설탕의 물 용해도가 감소하고 설탕 분자가 용액에서 결정화되기 시작한다. 이것은 고체의 재결정에서 사용되는 기본적인 과정이다.

화합물의 재결정화 단계는 다음과 같다.

1. **용매 선택**. 온도에 따라 용해도의 차이가 크고, 잘 증발되는 용매를 선택한다. 또한 독성이 없고 폭발성이 없어야 하며, 재결정할 물질과 화학반응을 일으켜서는 안 된다. 대표적인 용매는 물, 메탄올, 에탄올, 에테르, 톨루엔 등이 있다.
2. **용질의 용해**. 삼각플라스크에 분쇄된 용질과 용매를 넣고 가열하여 끓인다. 이때, 적당한 양의 용매를 넣는 것이 중요하다. 너무 많은 용매량은 회수율을 낮추고 너무 적은 용매량은 끓는점까지 가열해도 용질을 완전히 녹일 수 없기 때문이다.
3. **부유 고형물을 걸러낸다**(필요한 경우). 부유 고형물을 제거해야 하는 경우 여과 중에 결정화가 발생하지 않도록 뜨거운 용액을 걸러낸다. 깔때기에서 결정화가 시작되면 용매를 첨가한다. 여과액을 농축시켜 포화 용액을 얻는다.
4. **용질의 결정화**. 포화된 용액을 자연적으로 실온으로 식힌다. 얼음 등을 이용해서 급하게 식히면 안 된다. 천천히 냉각하면 최상의 결정체를 얻을 수 있다. 플라스크 입구를 막아 뜨거운 상태에서 용매가 증발하지 않도록 한다. 결정화가 일어나지 않으면 용기의 내부를 긁거나 종자 결정(seed)을 첨가한다.
5. **결정을 모으고 씻는다**. 뷰흐너(Buchner) 깔때기, 여과 플라스크 및 감압펌프를 사용하여 결정을 수집한다. 뷰흐너 깔때기 표면에 여과지를 놓고 용매로 여과지를 적셔 여과지가 깔때기에 밀착되도록 한다. 깔때기에 재결정 용액을 붓고 감압여과한다. 차가운 용매로

여러 번 결정을 씻어준다. 세척 용매는 일반적으로 재결정 과정에 사용된 용매(낮은 온도)를 사용하거나, 정제하려는 해당 용질에 대해 용해도가 다소 낮은 용매를 사용한다. 예를 들어, 80% 에탄올/물이 재결정화에 사용되었을 경우 세척 과정에서 많은 결정을 다시 잃지 않으려면 60% 에탄올/물로 세척하는 것이 일반적이다.

6. **결정의 건조.** 오븐을 사용하기보다는 자연 건조를 권장한다.
7. **결정의 분석.** 재결정된 물질의 녹는점을 측정한다. 정확한 결과를 위해 완전히 건조된 후 녹는점을 측정한다. 고체의 녹는점은 순도와 관련이 있다.

녹는점

고체의 녹는점은 외부 압력 1기압에서 고체와 액체의 평형상태의 온도로 정의한다. 순수한 물질의 녹는점은 그 물질의 물리적 특성 중 하나이며 그 값은 일정하다. 그러나 둘 또는 그 이상의 순수한 물질로 이루어진 혼합물의 녹는점은 혼합물을 구성하고 있는 물질들의 성질과 상대적인 조성비에 의존한다. 일반적으로 혼합물은 그 혼합물을 구성하고 있는 순수한 성분의 녹는점보다 더 낮은 온도에서 녹는다. 모세관법을 사용하여 순수한 물질의 녹는점을 신속하게 측정할 수 있다. 이 방법은 정확하며 적은 양의 시료만을 필요로 한다. 순수한 물질의 녹는점은 0.5도 미만의 좁은 범위를 보이는 반면 불순물이 포함된 물질의 경우 넓은 범위를 보인다.

참고사항

이름	벤조산(benzoic acid)	아세트아닐라이드(Acetanilide)
구조식	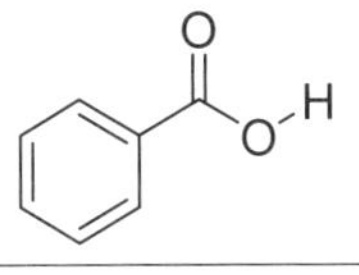	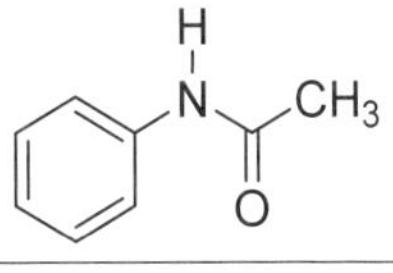
분자량	122.12	135.16
산/염기	산	염기
녹는점	121～123 ℃	111～115 ℃

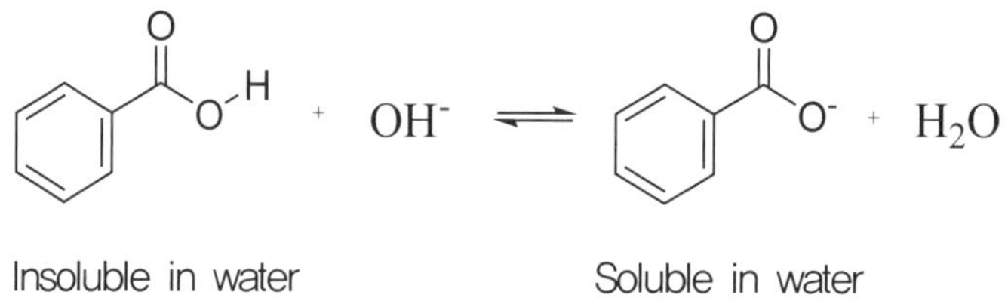

Insoluble in water Soluble in water

용해도(Solubility in water(g/L))

온도	10 °C	25 °C	95 °C
벤조산	2.1	3.4	68
아세트아닐라이드	–	5.4	50

실험 도구 및 시약

100 mL 삼각플라스크, 뷰흐너 깔대기, 뷰흐너 플라스크, 감압펌프, 온도계, 거름종이, 시험관, 가열교반기, 자석젓개, 수조, pH시험지(pH paper), 페트리디쉬(petri dish), 벤조산, 아세트아닐라이드, 3 M 수산화나트륨, 5 M 염산, 증류수, 얼음

실험 과정

실험 A. 아세트아닐라이드의 분리와 재결정

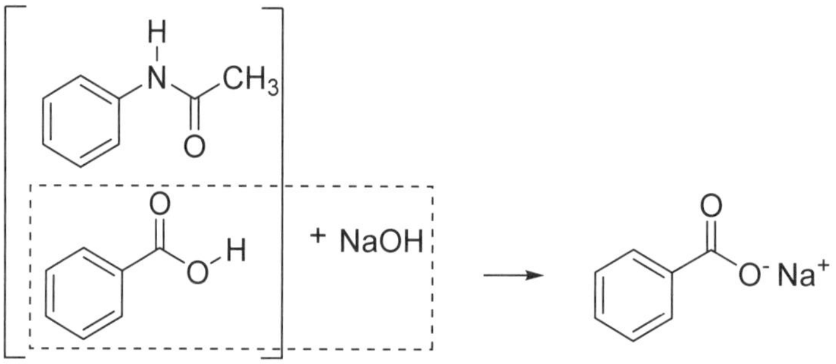

1. 아세트아닐라이드와 벤조산의 질량을 각각 1.00 g을 측정하여 기록한다.
2. 측정한 아세트아닐라이드와 벤조산을 100 mL 삼각플라스크에 넣고 증류수 30 mL와 자석젓개(magnetic bar)를 넣는다.
3. 1.00 g의 벤조산을 소듐벤조에이트(sodium benzoate)로 변환시키기 위해 필요한 3 M NaOH 용액의 부피를 계산하고, 그 양의 1.5배를 첨가한다.
4. 삼각플라스크를 가열교반기 위에 올려놓고, 용액을 교반(stirring)하며 가열한다.
5. 결정이 완전히 녹은 후, pH시험지를 사용하여 용액의 pH를 확인한다. (참고 : pH를 확인할 때, pH시험지에 용액을 한 방울 떨어뜨린다.) 만약, 염기성이 아니면 3 M NaOH를 몇 방울 더 넣는다.
6. 삼각플라스크에서 자석젓개를 꺼내고 실온까지 냉각시킨다. (아세트아닐라이드의 결정화)
7. 결정이 생기기 시작하면 얼음물에 담가 완전히 냉각시켜 결정을 얻는다.
8. 그림과 같이 감압여과로 침전물을 걸러내고 차가운 증류수로 씻어준다.

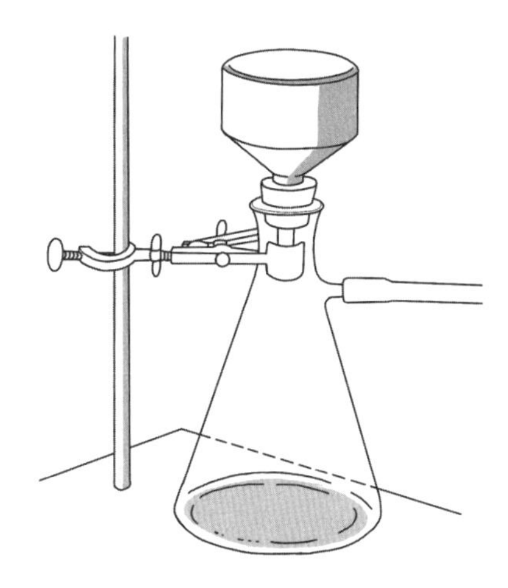

9. 얻어진 결정을 다른 거름종이로 옮겨 충분히 건조시킨 후 질량을 측정하여 회수율을 계산한다.
10. 녹는점을 측정한다.

실험 B. 벤조산의 분리와 재결정

$$C_6H_5COO^- Na^+ + HCl \longrightarrow C_6H_5COOH$$

1. 뷰흐너 플라스크에 남아 있는 여과액을 250 mL 삼각플라스크로 옮기고 자석젓개를 넣는다.
2. 소듐벤조에이트(sodium benzoate)로 변환시키기 위해 넣었던 3 M NaOH 용액을 완전히 중화시키기 위해 필요한 5 M HCl의 부피를 계산하고, 그 양의 2배를 첨가한다.
3. 용액을 가열교반한다.
4. 결정이 완전히 녹은 후, pH시험지를 사용하여 용액의 pH를 확인한다. (참고 : pH를 확인할 때, pH시험지에 용액을 한 방울 떨어뜨린다.) 만약, 산성이 아니면 5 M HCl를 몇 방울 더 넣는다.
5. 삼각플라스크에서 자석젓개를 꺼내고 실온까지 냉각시킨다. (벤조산의 결정화)
6. 결정이 생긴 삼각플라스크를 얼음물에 담가 완전히 냉각시켜 결정이 최대한 생길 수 있도록 한다.
7. 감압여과로 침전물을 걸러내고 차가운 증류수로 씻어준다.
8. 감압여과된 결정을 여과지와 함께 페트리디쉬에 옮겨 충분히 건조한다.
9. 건조된 결정의 질량을 측정하고, 회수율을 계산한다.
10. 녹는점을 측정한다.

실험 C. 녹는점 측정하기

1. 소량의 시료를 무게 재는 종이(weighing paper)에 놓고 고르게 분쇄한다.
2. 분쇄한 시료를 모세관에 밀어 넣는다.
3. 모세관을 딱딱한 바닥에 가볍게 두드려 시료가 모세관 바닥에 쌓이도록 한다.
   (※ 패킹된 시료의 높이가 1~2 mm를 초과하지 않도록 한다.)
4. 측정하고자 하는 시료의 예상 녹는점에 맞춰 녹는점 측정 장치의 온도 범위를 지정한다.

5. 녹는점 측정 장치에 시료를 넣은 모세관을 꽂고 녹는점을 관찰한다.

(참고 : 튜브 안에서 최초로 액체방울이 나타나는 때와 마지막 결정이 사라지는 때를 기록한다.)

결과 및 토의

실험 A. 아세트아닐라이드의 분리와 재결정

1. 사용한 벤조산 ___________ g

2. 사용한 아세트아닐라이드 ___________ g

3. 사용한 3 M NaOH ___________ mL

4. 재결정된 아세트아닐라이드 ___________ g

5. 퍼센트 회수율 $= \dfrac{\text{회수한 물질의 양}}{\text{사용한 물질의 양}} \times 100 =$ ___________ %

6. 아세트아닐라이드의 측정한 녹는점 ___________ ~ ___________ °C

실험 B. 벤조산의 분리와 재결정

1. 사용한 5 M HCl ___________ mL

2. 재결정된 벤조산 ___________ g

3. 퍼센트 회수율 = $\frac{\text{회수한 물질의 양}}{\text{사용한 물질의 양}} \times 100 =$ ___________ %

4. 벤조산의 측정한 녹는점 ___________ ~ ___________ °C

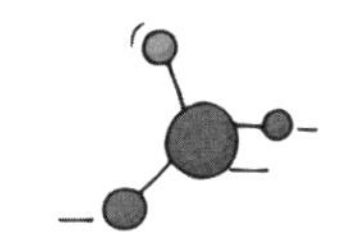

얇은 막 크로마토그래피
(Thin-layer chromatography)

03

얇은 막 크로마토그래피(Thin-layer chromatography)

목표

✓ 분자의 극성 개념을 적용하여 크로마토그래피의 결과를 해석할 수 있다.
✓ TLC 기술을 습득한다.

이론적 배경

크로마토그래피(chromatography)는 시료 중 혼합 성분을 단일 성분으로 분리하기 위한 실험법이다. 화학실험실에서 분리-정제에 가장 많이 사용되고 있으며, 분자의 특성(예, 극성, 분자량 등)을 알아내기 위해 흔히 사용되는 방법이다. 크로마토그래피는 이동상(mobile phase)과 고정상(stationary phase)으로 이루어져 있으며, 혼합물의 다른 성분들이 이 두 개의 상에 서로 다르게 분배되는 현상을 이용한다. 고정상은 고체 또는 액체일 수 있고, 이동상은 액체(liquid chromatography) 또는 기체(gas chromatography)일 수 있다. 이동상에 분산된 혼합물 시료가 고정상을 통과하면서, 시료의 구성 성분은 이동상과 고정상에 대한 인력 차이에 의해 다른 속도로 고정상을 통과하면서 분리된다.

크로마토그래피는 사용되는 고정상의 유형에 따라 분류될 수 있다. 흡착 크로마토그래피(adsorption chromatography)는 표면에 혼합물의 성분을 흡착하는 미세하게 분쇄된 고체를 사용한다. 분배 크로마토그래피(partition chromatography)는 비활성 고체에 의해 고정된 액체 고정상을 사용한다. 이온 교환 크로마토그래피(ion-exchange chromatography)는 고정상 구조 내의 이온을 방출하고 분석 시료 혼합물의 이온과 결합하는 고체 이온 교환 수지를 사용한다.

또한 사용되는 이동상의 유형에 따라 분류될 수 있다. 기체 크로마토그래피(gas chromatography)

는 고정상에 상관없이 이동상이 가스인 경우에 사용된다. 이동상이 액체인 경우, 고정상에 따라 흡착, 분배 또는 이온 교환이라는 이름이 사용된다.

액체 이동상을 사용하는 크로마토그래피는 사용되는 장치의 유형에 따라서도 분류될 수 있다. 칼럼 크로마토그래피(column chromatography)에서 용액은 중력에 의해 원형 단면의 칼럼을 통해 흐른다. 얇은 막 크로마토그래피(thin-layer chromatography)에서 용액은 비활성 지지체상에 코팅된 고체의 얇은 층을 통과한다. 종이 크로마토그래피(paper chromatography)는 종이를 고정상으로 사용한다. 얇은 막 및 종이 크로마토그래피 모두에서 용액은 모세관 채널을 통해 이동한다. 고압 액체 크로마토그래피(high-pressure liquid chromatography)에서, 이동상 용액은 펌프에 의해 걸리는 높은 압력으로 칼럼을 통과한다.

얇은 막 크로마토그래피(Thin-layer chromatography, TLC)

액체-고체 크로마토그래피의 한 형태이다. TLC에서는 유리판이나 플라스틱판과 같은 지지판에 실리카겔(Si 산화물)이나 알루미나(Al 산화물)와 같은 고체 흡착제의 얇은 막을 입혀서 사용한다. 분리 또는 정제하고자 하는 물질의 용액을 모세관에 묻혀서 TLC판의 밑 부분에 점으로 찍는다. 이후 TLC판을 이동상 용매(developing solvent)가 들어 있는 용기에 담그는데, 시료를 점으로 찍은 부분이 용매에 잠기지 않도록 주의하면서 똑바로 넣고 뚜껑을 닫는다. 용매는 모세관 작용에 의하여 TLC판을 따라 서서히 위로 이동하게 된다. 용매가 위쪽으로 이동할 때 시료 성분들은 이동상을 따라 이동하거나 고정상에 흡착됨으로써 분리가 된다. 이는 시료의 고정상 또는 이동상에 대한 친화도에 차이가 있기 때문이다. 즉, 고정상에 강하게 결합한 성분은 고정상에 머물려 하고 약하게 결합한 성분은 이동상을 따라 움직이려 하면서, 결국 각 성분은 다른 속도로 이동하므로 분리된다. 이동상과의 친화력이 큰 성분들은 고정상과의 친화력이 큰 성분들에 비해서 더 빠르게 위로 이동한다. 이와 같은 과정을 분별(resolution)이라 하고, 이러한 이동거리를 나타내기 위해 R_f(retension factor)를 사용한다.

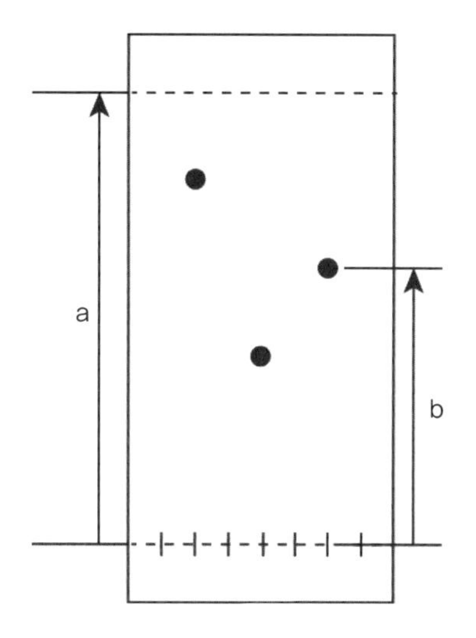

$$R_f = \frac{\text{성분 물질이 이동한 거리(b)}}{\text{용매가 이동한 거리(a)}}$$

물질의 R_f 값은 각 물질의 성질, 용매의 종류 및 온도에 따라 다르며 흡착제, 용매, 막의 두께, 균일성, 온도 등이 정해진 조건에서의 R_f 값은 일정하다.

TLC의 장점은 신속하고 민감하게 시료를 분석할 수 있고, 아주 적은 양의 시료라도 분석이 가능하다. 또한 가격이 매우 저렴하고 차지하는 공간도 매우 작은 반면 여러 시료들을 한 TLC판에서 동시에 분석할 수 있다. 색깔이 있는 물질은 크로마토그램 위의 반점을 알아보기 쉽지만, 무색의 물질인 경우는 반점의 위치를 확인하기 위해 발색제를 뿜어준다거나 자외선을 쬐어서 형광을 발하게 하는 등의 수단을 써야 한다.

실험 도구 및 시약

TLC판, 전개병(TLC chamber), 핀셋, 연필, 자, 헥산, 에틸아세테이트, fluorene, fluorenone, fluorenol

실험 과정

OH O

Fluorene Fluorenol Fluorenone

1. 절단된 TLC판(4×10 cm)을 준비한다. (※ TLC판의 실리카겔이 코팅된 면이 오염되지 않도록 손으로 만지지 않고 핀셋을 사용한다.)
2. 연필을 사용하여 실리카겔 코팅이 벗겨지지 않도록 주의하면 출발선을 긋는다. (유기분자로 이루어진 잉크를 펜으로 사용하지 않는다.)

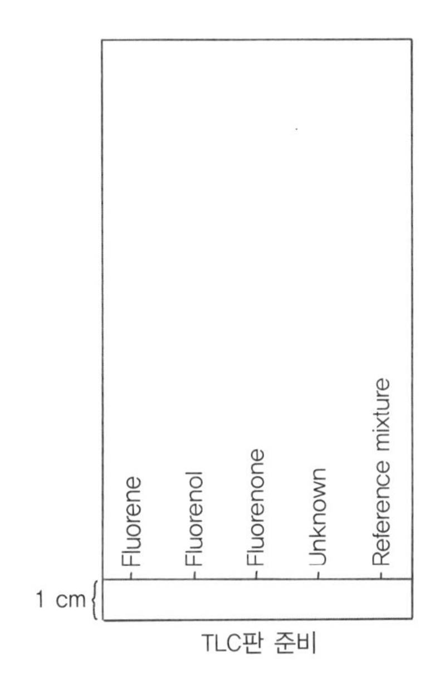

TLC판 준비

3. 모세관을 이용하여 TLC판에 분석 시료를 점으로 찍는다. 시료 개수만큼 모세관을 준비한다. 시료를 찍을 때 점의 크기는 직경 1 mm 이하가 되도록 한다.
4. 전개병(TLC chamber)과 전개용매를 준비한다. 전개용매는 ① 헥산, ② 헥산 : 에틸아세테이트 = 9 : 1, ③ 헥산 : 에틸아세테이트 = 1 : 1이다.

5. 전개병에 TLC판을 넣고 전개한다. TLC판을 넣었을 때, 전개용매가 TLC판의 출발선을 넘어선 안 된다.

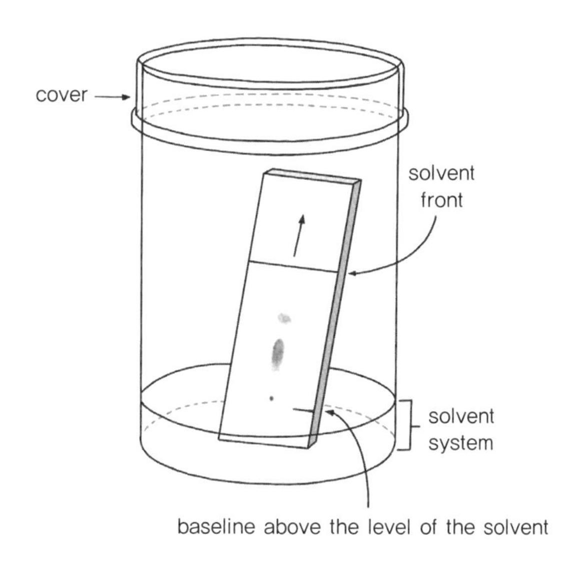

6. UV 램프를 이용하여 결과를 확인하고, 결과지에 기록한다.

결과 및 토의

1. 전개용매를 다르게 하여 실험한 TLC판을 그리시오.

2. 각 시료에 대한 R_f값을 기록한다.

Hexane/Ethyl Acetate의 혼합비율	각 성분의 측정한 이동거리	R_f	시료 이름
hexane 100%			
hexane : ethyl acetate=9 : 1			
hexane : ethyl acetate=1 : 1			

3. TLC 확인 결과, 세 화합물의 R_f값이 차이가 나는 것을 확인했을 것이다. 분자 구조를 보고 극성도를 판단하여 R_f값을 설명하시오.

4. 여러분의 실험 결과를 토대로 전개용매의 에틸아세테이트의 비율을 더 증가시키면, 각 성분의 R_f값은 어떻게 변할 것인지 예측하고 그 이유를 적으시오.

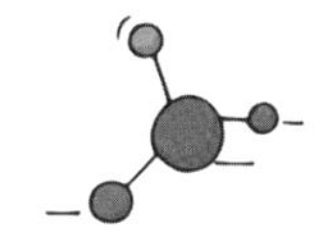

카페인(caffeine) 추출

04

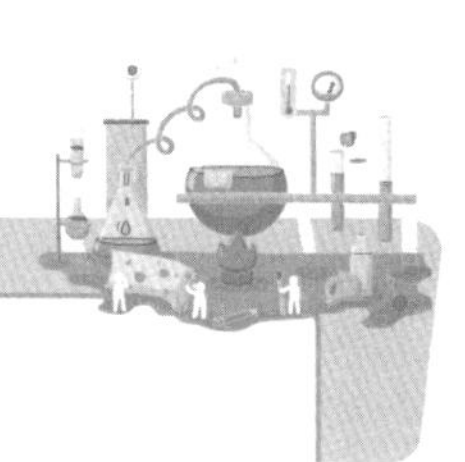

카페인(caffeine) 추출

목표

✓ 천연물 분자인 카페인을 인스턴트커피에서 분리하는 실험을 통해 추출(extraction)의 원리를 이해한다.
✓ 분리된 카페인의 순도(purity)를 녹는점을 측정하여 확인한다.

이론적 배경

우리가 매일 마시는 차와 커피는 알칼로이드(alkaloid) 성분을 포함하고 있다. 알칼로이드는 식물이 만들어내는 질소를 포함한 대사물질(metabolite)이다. 알칼로이드는 대체로 약한 염기성을 나타내며, 식물과 곤충의 체내에서 다양한 기능을 수행한다. 식물은 곤충이나 동물로부터 자신을 방어하기 위한 화학무기로 알칼로이드를 만들기도 한다. 카페인(caffeine)은 대표적인 알칼로이드로 찻잎(tea leaves), 커피콩(coffee beans), 코코아콩(cocoa beans) 등에서 만들어진다. 이번 실험에서는 추출 방법을 이용하여, 커피에 포함된 알칼로이드인 카페인을 분리하고, 이 카페인의 순도를 녹는점 측정 실험을 통해 확인한다.

그림 1. 우리가 매일 마시는 알칼로이드. 커피콩, 찻잎, 코코아콩

자연에서 발견되는 천연 화합물(natural compound)과 실험실에서 만들어지는 합성 화합물(synthetic compound)의 경우 대부분 원치 않는 불순물들이 함께 섞여 있다. 불순물이 녹아 있는 혼합물에서 원하는 물질을 분리 정제해내는 것은 합성 실험에서 가장 중요한 단계라고 할 수 있다. 순수한 물질을 분리하기 위해서 추출(extraction), 재결정(recrystallization), 증류(distillation), 크로마토그래피(chromatography) 등을 사용한다. 각각의 분리 방법마다 원하는 물질을 얻는 원리가 다르다. 따라서 불순물과 원하는 물질의 특성을 이해하고, 알맞은 분리 방법을 사용해야 효과적으로 원하는 물질을 얻을 수 있다.

추출(extraction)은 혼합물에서 알칼로이드를 분리할 때 널리 사용하는 방법이다. 용매에 따라서 섞여 있는 물질들의 용해도 차이가 클 경우, 추출을 통해 효과적으로 분리할 수 있다. 보통 특정 화합물의 수용액과 유기용매에 대해 용해도 차이를 이용하여 추출할 수 있다. 추출에 사용하는 유기용매는 에틸 아세테이트(ethyl acetate), 다이클로로메테인(dichloromethane), 클로로포름(chloroform), 다이에틸 에터(diethyl ether), 벤젠(benzene) 등이 사용된다. 이 유기용매들은 수용액과 섞이지 않기 때문에 밀도에 따라 용액의 층이 분리된다. 수용액보다 큰 밀도를 가진 다이클로로메테인이나 클로로포름 등은 수용액보다 아래층에 위치하고, 수용액보다 밀도가 작은 에틸 아세테이트, 다이에틸 에터, 벤젠 등은 수용액보다 위에 위치한다.

추출을 할 때는 다음과 같은 주의사항이 있다. 추출에 사용하는 두 용매는 서로 섞이지 않아야 한다(따라서 물과 섞이는 용매인 알코올 등은 추출에 사용하지 않는다). 분별깔때기에 두 용매를 넣고 흔들어 용질이 잘 녹는 용매 쪽에 녹아 나오게 해준다. 이때 너무 세게 흔들면 에멀션(emulsion)이 생겨 분리효과가 떨어진다. 추출의 효과를 높이기 위해 수용액 층에 NaCl과 같은 염을 넣어주어, 소수성(hydrophobicity)을 갖는 용질이 유기용매 층에 더 잘 녹게 할 수 있다. 이러한 현상을 염석효과(salting-out effect)라고 한다.

본 실험에서 분리한 카페인은 녹는점 측정을 통해 순도를 확인한다. 물의 녹는점은 0 ℃이듯이, 녹는점은 물질의 고유성질이다. 순수한 카페인의 경우 녹는점이 238 ℃이다. 물질의 순도가 높을수록 고유한 녹는점 가까운 지점에서 녹는점을 측정하게 될 것이다.

실험 도구 및 시약

비커(beaker, 100 mL, 2개), 삼각플라스크(Erlenmeyer flask, 100 mL), 얼음조(ice bath), 분별깔때기(separatory funnel), 유리깔때기(glass funnel), 거름지(filter paper), 핀셋(forceps), 가열교반기(Hot plate), 패트리접시(Petri dish), 인스턴트커피(Instant coffee), 다이클로로메테인(CH_2Cl_2, dichloromethane), Anhydrous sodium sulfate(Na_2SO_4)

실험 과정

실험 A. 카페인 추출

1. 3.0 g의 인스턴트커피 무게를 측정한다. (소수점 둘째 자리까지 측정한 무게를 기록한다.)
2. 무게를 잰 인스턴트커피를 100 mL 삼각플라스크에 옮겨 담은 후 30 mL의 증류수와 2.0 g의 Na_2CO_3을 같이 삼각플라스크에 혼합한다.
3. 삼각플라스크를 가열하며 저어준다. 삼각플라스크의 용액이 끓기 시작한 후 10분 더 가열한다. (끓어 넘치지 않게 주의한다.)
4. 10분 가열 후, 상온에서 식혀준다. (어느 정도 삼각플라스크가 식었을 때 얼음조에 넣으면 신속히 냉각시킬 수 있다.)
5. 상온의 용액을 250 mL의 분별깔때기로 옮겨 담는다.
6. 15 mL의 다이클로로메테인을 분별깔때기에 넣은 후 분별깔때기의 마개를 막는다.
7. 마개를 막은 분별깔때기를 비스듬히 들어 가볍게 흔들어준다. 흔드는 도중 분별깔때기 아래의 콕크(stopcock)를 열어(콕크가 실험자의 반대 방향으로 분별깔때기를 위치하도록 한다.) 다이클로로메테인 증기를 빼준다. 분리에 방해가 되는 에멀션이 과량으로 만들어지지 않도록 주의한다.
8. 분별깔대기를 링 스탠드에 꽂아 세운 후 윗부분의 마개를 제거한다. 용액의 층이 나누어질 때까지 기다린다. (분리된 두 용액 중 유기용매 층은 어디에 위치하겠는가? Hint : 다이클로로메테인의 밀도는 1.33 g/ mL이다.)

9. 용액의 층이 분리가 된 후 유기층을 100 mL 비커에 받아낸다.

10. 남은 수용액 층에 다시 다이클로로메테인을 넣어 6~9의 과정을 반복한다.

11. 위에서 받은 두 개의 유기층을 모은 후, 용액에 Na_2SO_4를 2~3순가락 넣고 저어준다. 넣어준 Na_2SO_4가 비커의 바닥이나 벽에 더 이상 달라붙지 않고 용액상에서 가루처럼 움직일 때까지 넣어준다.

12. 유리 깔때기에 세로로 홈이 접힌 거름종이를 꽂은 후 11의 용액을 걸러 여과된 용액을 무게를 측정해둔 100 mL 비커(oven-dried)에 받아낸다.

13. 다이클로로메테인 용액이 약 2~3 mL가량 남을 때까지 흄 후드에서 12의 비커를 가열한다. 수 밀리리터의 용액이 남았을 때 비커를 가열장치에서 내려둔 후 상온으로 식힌다. 이때 남은 열로 인해 남아 있던 다이클로로메테인이 증발한다.

14. 다이클로로메테인이 완전히 증발한 후 고체의 카페인 추출물을 얻을 수 있다. 비커의 무게를 재어 추출한 카페인의 양을 계산한다.

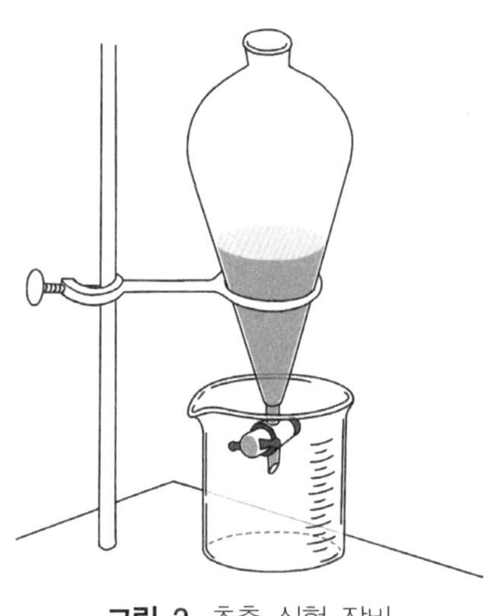

그림 2. 추출 실험 장비

실험 B. 카페인 녹는점 측정

1. 실험 A에서 추출한 고체의 카페인을 녹는점을 측정하기 위해 모세관에 채워준다. 모세관에 카페인을 채우기 위해서 다음의 방법을 따른다. 모세관의 열린 부분으로 카페인 가루

를 찍어 모세관의 입구에 넣어준 후 열린 부분을 위로 향한 채로 모세관을 가볍게 바닥에 쳐주면, 입구에 찍혀 있던 카페인 가루들이 모세관의 바닥으로 들어간다. 위 과정을 반복하여 모세관의 하단에 카페인을 채워준다.

2. 모세관을 녹는점 측정 장치에 꽂은 후, 장치의 전원을 켠다. 장치의 유리로 모세관이 올바르게 위치하였는지 확인하다.
3. 실험 조교의 지도에 따라 녹는점 측정을 진행한다.
4. 녹는점 측정 시 모세관을 가열할 때 초기에는 신속하게 온도를 증가시키지만, 예상 녹는점 부근에서는 온도를 천천히 올려준다. 녹는점 부근에서는 1~2 ℃/min 정도로 온도를 올린다.
5. 추출된 카페인이 녹기 시작한 온도와 완전히 녹을 때까지 온도 범위를 기록한다. 순도가 높을수록 녹는점의 온도 범위가 좁아진다.

결과 및 토의

1. 추출한 카페인의 녹는점 범위 : ______________________ ℃

2. 추출한 카페인의 색 : ______________________

3. 순수한 카페인의 색 : ______________________

4. 1~3의 결과를 토대로 추출한 카페인의 순도에 대해 설명하시오.

5. 추출된 카페인의 양 : ______________________ g

6. 추출된 카페인의 양을 통해 인스턴트커피의 카페인 함량을 구하고 이를 실제 함

량과 비교하시오.

7. Na_2SO_4의 역할은 무엇인가?

8. Na_2SO_4를 넣지 않을 경우 녹는점이 달라질 수 있다. 그 이유를 설명하시오.

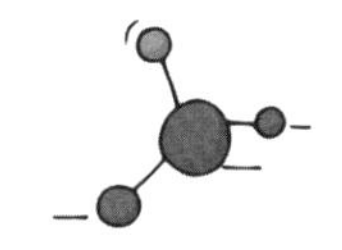

아스피린 합성
(Synthesis of aspirin)

05

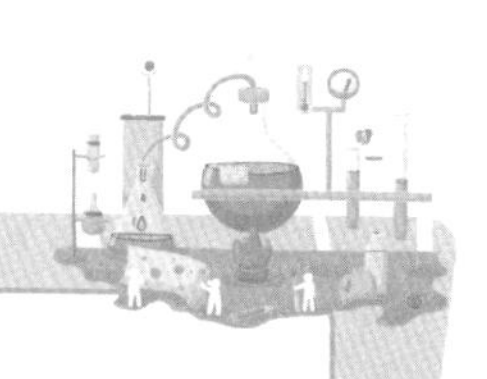

아스피린 합성(Synthesis of aspirin)

목표

✓ 아스피린을 합성해보면서 유기 화합물의 합성을 이해할 수 있다.
✓ 정색반응과 재결정을 이해할 수 있다.

이론적 배경

에스터(ester)는 카복실산(carboxylic acid)이 카복실(COOH) 작용기의 수소가 탄소를 포함한 작용기로 치환된 화합물(RCOOR')이다. 에스터는 좋은 향기를 가지고 있고, 많은 과일 향기의 주성분이다. 몇 가지 예를 들면 뷰티르산 에틸(ethyl butyrate)은 파인애플향, 아세트산 펜틸(pentyl acetate)은 바나나향, 아세트산 에틸(ethyl acetate)은 사과향을 가지고 있다. 산 촉매하에서 카복실산과 알코올은 축합반응을 하여 에스터를 형성한다. 이 반응을 에스터화 반응(esterification)이라고 한다.

$$R-C(=O)-\boxed{OH} + \boxed{H}-O-R' \rightleftharpoons R-C(=O)-O-R' + H_2O$$

우리가 흔히 아스피린(aspirin)이라고 부르는 아세틸살리실산(acetylsalicylic acid)은 대표적인 에스터 화합물이다. 카복실산인 아세트산(acetic acid)과 알콜기(-OH group)를 가진 살리실산(salicylic acid)을 가지고 에스터화 반응을 통해 얻을 수 있다. 아스피린은 일반적으로 염증 치료나 해열 진통제로 사용되며, 저용량 아스피린은 심혈관 질환 예방제로 쓰인다.

이번 실험에서는 아스피린 합성을 위해 아세트산 대신 아세트산 무수물(acetic anhydride)을 사용한다. 그 이유는 아세트산 무수물이 더 반응성이 좋고 빠르게 반응이 진행되기 때문이다.

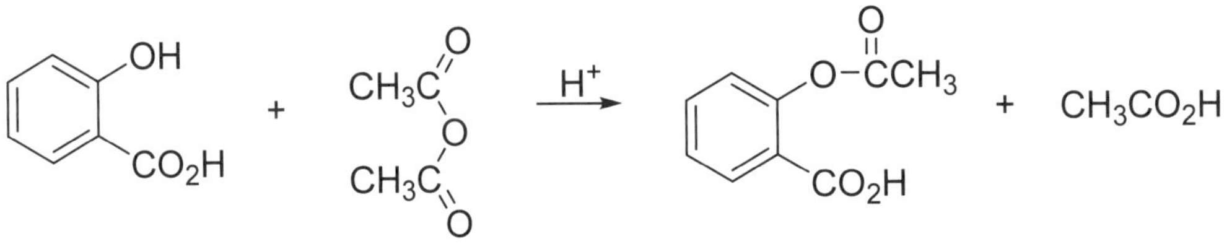

$$\text{살리실산} + (CH_3CO)_2O \xrightarrow{H^+} \text{아세틸살리실산} + CH_3CO_2H$$

살리실산 아세트산 무수물 아세틸살리실산(아스피린) 아세트산

이 실험에서 상기해야 할 점은 카복실산 대신 카복실산 유도체인 산무수물이 사용되었고, 살리실산은 두 개의 작용기(알코올기와 카복실기) 중 알코올기가 반응에 이용된다는 것이다.

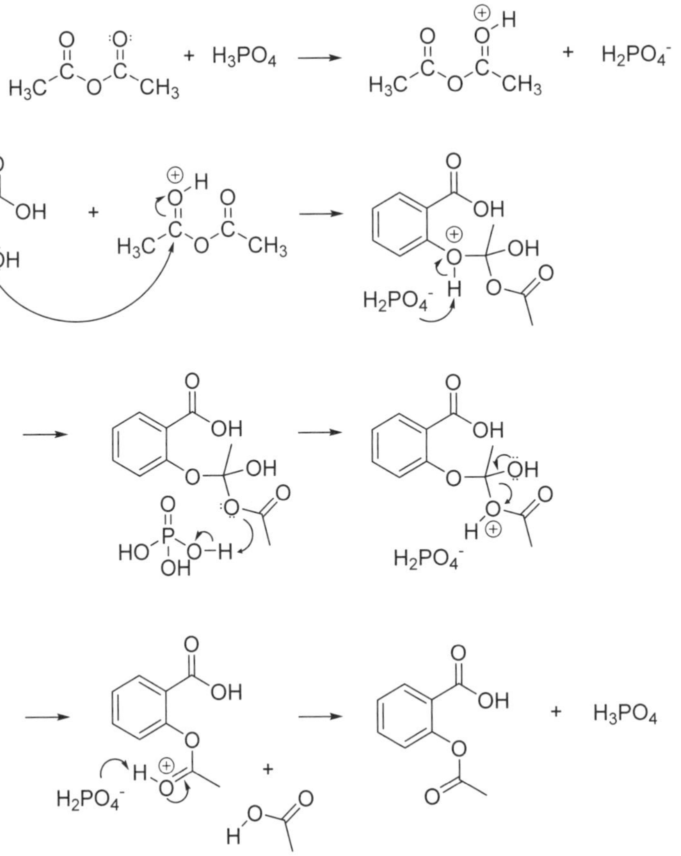

반응 메커니즘

실험 도구 및 시약

50 mL 삼각플라스크 2개, 50 mL 비커 1개, 10 mL 메스실린더 1개, 10 mL 피펫 1개, 뷰흐너 깔대기, 뷰흐너 플라스크, 감압펌프, 온도계, 거름종이, 시험관, 가열교반기, 수조, 살리실산, 아세트산 무수물, 1% $FeCl_3$ 용액, 인산, 얼음

실험 과정

실험 A. 아스피린의 합성(※ 모든 실험과정은 후드 내에서 진행한다.)

1. 살리실산 1.0 g을 0.01 g 단위로 질량을 측정하여 기록한다.
2. 측정한 살리실산을 50 mL 삼각플라스크에 넣고, 아세트산 무수물 3 mL와 인산 3방울을 넣는다. (참고 : 아세트산 무수물을 넣을 때 플라스크 벽을 따라 흘려주어 벽면에 묻은 살리실산을 씻어 내린다.)
3. 시료가 담긴 삼각플라스크를 그림과 같이 물중탕 장치를 하고 온도를 80~90 ℃로 유지하여 15분간 반응시킨다.

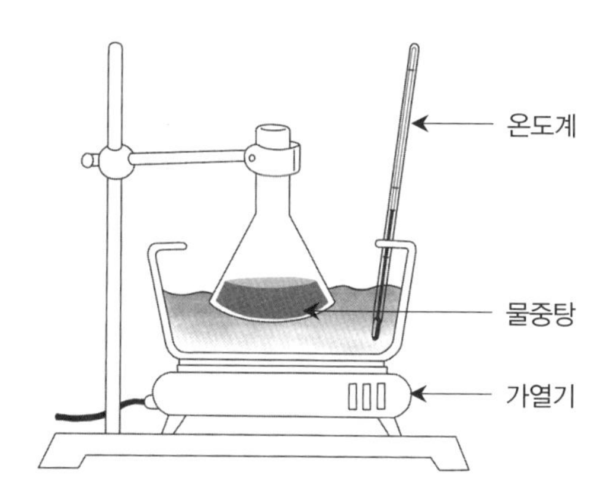

4. 반응이 완결되면 삼각플라스크에 증류수 1~2 mL를 넣어 과량의 아세트산 무수물을 분해시킨다. (참고 : 아세트산 증기가 발생되는 것을 관찰할 수 있다.)

5. 삼각플라스크를 물중탕에서 꺼내어 증류수 15 mL를 넣고 실온까지 냉각시킨다.
6. 아스피린 결정이 생기기 시작하면 얼음물에 담가 완전히 냉각시켜 결정을 얻는다.
7. 그림과 같이 감압여과로 침전물을 걸러내고 차가운 증류수로 씻어준다.

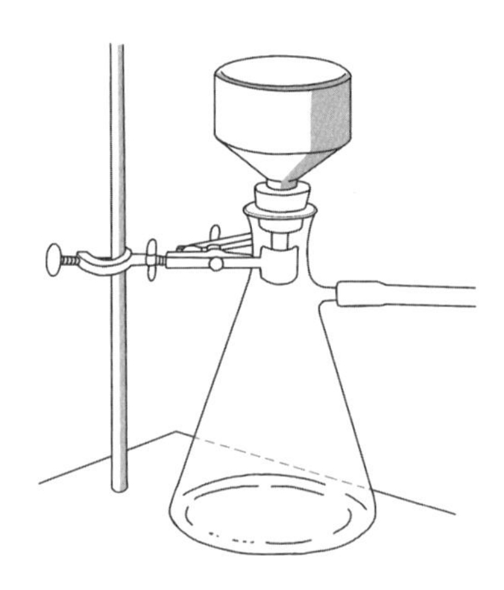

8. 얻어진 결정을 다른 거름종이로 옮겨 10~20분간 오븐에서 말린 후 질량을 측정하여 수득률을 계산한다.
9. 합성한 아스피린과 살리실산을 소량 취해 시험관에 각각 넣은 후 에탄올을 넣어 용해시킨 후 1% $FeCl_3$ 용액 2방울을 떨어뜨려 색깔 변화를 관찰한다.

[정색반응]

페놀은 페닐(phenyl)기에 하이드록시기(-OH group)가 결합되어 있는 방향족 화합물이다. 페놀 화합물을 $FeCl_3$와 반응시키면 색깔을 띠게 된다(페놀의 구조에 따라 분홍색, 녹색, 보라색). 그 이유는 페놀과 Fe가 배위 복합체(coordination complex)를 형성하기 때문이다. 보통의 알코올은 반응하지 않기 때문에 페놀화합물이 포함되어 있는지 확인하는 데 흔히 사용된다.

OH O

OH + $FeCl_3$ ⟶ deep purple complex

실험 B. 합성한 아스피린의 재결정(실험 2. 재결정과 녹는점 측정 참고)

1. 50 mL 삼각플라스크에 합성한 아스피린과 무수에탄올 5 mL를 넣는다.
2. 수조(50~60 ℃)에 1의 삼각플라스크를 넣어 아스피린을 모두 용해시킨다.
3. 아스피린이 모두 녹으면 따뜻한 증류수 10 mL를 넣고 섞는다. 이때 어떠한 결정이 생긴다면 열을 가해 다시 완전히 용해시킨다.
4. 삼각플라스크의 입구를 파라필름으로 막고 상온에서 서서히 냉각시킨다.
5. 완전히 결정이 생성되면 감압여과한다.
6. 감압여과된 결정을 여과지와 함께 페트리디쉬에 옮겨 30분 동안 건조한다.
7. 건조된 결정의 질량을 측정하고, 소량을 취하여 정색반응으로 살리실산이 남아 있는지 확인한다.
8. 이론적 수득량과 퍼센트 수득률을 계산한다.

결과 및 토의

1. 사용한 살리실산 __________ g

2. 사용한 아세트산 무수물 __________ mL

3. 사용한 아세트산 무수물 __________ g

4. 얻은 아스피린 __________ g

5. 아스피린의 이론적 수득량 __________ g

6. 퍼센트 수득률 = $\frac{\text{얻은 아스피린 양}}{\text{아스피린의 이론적 수득량}} \times 100$ = ___________ %

7. 정색반응결과

- 살리실산 + $FeCl_3$ ___________
- 불순한 아스피린 + $FeCl_3$ ___________
- 재결정한 아스피린 + $FeCl_3$ ___________
- 정색반응을 통해 유추할 수 있는 것은?

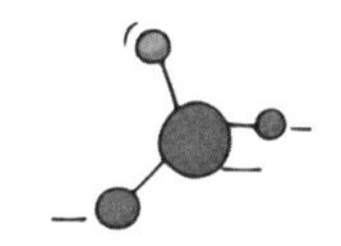

합성한 아스피린의 분석
(Analysis of aspirin)

06

합성한 아스피린의 분석(Analysis of aspirin)

목표

✓ 녹는점을 측정하여 합성한 아스피린의 순도를 알아본다.
✓ 적외선분광계(FT-IR)를 사용하여 합성한 아스피린의 특성을 분석한다.

이론적 배경

일반적인 합성 실험은 반응 설계/계획, 반응 실행, 분리/정제 및 최종 구조 분석(structural characterization) 과정을 거친다. 우선 합성된 물질을 분리할 수 있어야 한다. 그런 다음 분리정제된 물질이 목표 화합물이 맞다는 충분한 증거를 제공해야 한다. 화학자들은 증거를 제공하기 위해 다양한 분석 장비를 사용하여 구조분석 과정을 수행한다. 이것은 때로는 간단하지만 종종 많은 작업을 필요로 한다.

본 실험에서 학생들은 이전 실험에서 합성된 자신의 아스피린을 사용한다. 아스피린 분석은 (1) 녹는점 측정 및 (2) 적외선 분광법으로 수행될 것이다.

학생들은 FT-IR의 사용법을 조교로부터 교육을 받을 것이다. 그런 다음 자신의 샘플을 사용하여 데이터를 얻고, 자신의 샘플과 참조 자료(순수 아스피린)의 데이터를 비교할 것이다.

적외선 분광법의 원리

분자는 모두 화학적으로 결합한 원자로 구성되어 있으며, 분자 내의 원자들은 신축 운동(streaching)을 하거나 굽힘 운동(bending)을 한다. 분자에 특정 에너지(진동수)를 지닌 적외선을 조사하면, 같은 진동수로 진동하고 있는 결합은 그 적외선을 흡수하지만 해당하는 진동수를 지닌 결합이 없으면 적외선은 흡수되지 않고 그대로 분자를 통과한다. 따라서 시료에 적외선을 연속적으로 진동수를 바꾸면서 조사하면 시료 분자 내 결합에 따른 특정의 진동수 적외선만이 흡수된다. 흡수된 영역의 적외선 투과 에너지는 감소하기 때문에 시료를 투과한 적외선의 세기를 파수(wavenumber, cm^{-1})에 따라 분류하여 나가면 적외선 흡수스펙트럼을 얻을 수 있다. 그러나 분자 내 화학결합의 모든 진동이 적외선 파장으로 활성되는 것은 아니고, 쌍극자 모멘트의 변화를 일으켜 진동운동을 하는 것만으로 한정된다. 보통 사용되는 적외선 영역은 4000~400 cm^{-1}의 범위로서 화학에서 다루는 거의 모든 분자들이 이 적외선 영역에서 고유의 흡수를 나타낸다. 이와 같은 적외선 흡수스펙트럼은 특정 분자 내 화학결합의 진동 모드에 따라 고유한 스펙트럼을 주게 되어, 다른 분석법에서는 얻을 수 없는 분자의 구조에 관한 중요한 정보를 얻을 수 있다.

표 1. 작용기에 따른 적외선 흡수띠

Bond	Type of compound	Frequency(cm^{-1})	Intensity
C-H	Alkanes	3000-2850	strong
	Alkene	3100-3000	medium
	Aromatic	3150-3050	strong
	Alkyne	3200-3350	strong
C-C	Alkane	Not useful for identification	
C=C	Alkene	1680-1600	weak to medium
	Aromatic	1600, 1475	weak to medium
C≡C	Alkyne	2250-2100	weak to medium
C=O	Aldehyde	1740-1720	strong
	Ketone	1725-1705	strong
	Carboxylic acid	1725-1700	strong
	Ester	1750-1730	strong
	Amide	1680-1630	strong
	Anhydride	1810, 1760	strong
	Acid chloride	1800	strong
C-O	Alcohol, ether, ester, carboxylic acid, anhydride	1300-1000	strong
O-H	Alcohol, phenol	3650-3600	variable, sharp
	hydrogen-bonded alcohol, phenol	3400-3200	strong, broad
	Carboxylic acid	3400-2400	variable, broad
N-H	Primary and secondary amine, amide	3500-3100	medium
C-N	Amine	1350-1000	medium to strong
C≡N	Nitrile	2260-2240	medium

실험 도구 및 시약

적외선 분광기기(FT-IR spectrometer), 막자와 막자사발, 약숟가락, 압축기, 녹는점 측정용 모세관(melting point capillary tube), 합성한 아스피린, 살리실산

실험 과정

실험 A. FT-IR 측정

1. 준비된 시료와 KBr을 막자사발에 넣고 막자를 이용하여 곱게 갈아준다.
2. 곱게 간 시료와 KBr을 압축기에 넣고 압축시킨다. (펠렛(pellet) 만들기)
3. 만들어진 펠렛을 적외선 분광기에 넣고 측정을 시작한다.
4. 시료의 흡수스펙트럼을 관찰한다.

실험 B. 녹는점 측정

1. 소량의 시료를 무게 재는 종이(weighing paper)에 놓고 고르게 분쇄한다.
2. 분쇄한 시료를 모세관에 밀어 넣는다.
3. 모세관을 딱딱한 바닥에 가볍게 두드려 시료가 모세관의 바닥에 쌓이도록 한다.
   (※ 패킹된 시료의 높이가 1~2 mm를 초과하지 않도록 한다.)
4. 측정하고자 하는 시료의 예상 녹는점에 맞춰 녹는점 측정 장치의 온도 범위를 지정한다.
5. 녹는점 측정 장치에 시료를 넣은 모세관을 넣고 녹는점을 관찰한다.
   (참고 : 모세관 안에서 최초로 액체방울이 나타나는 때와 마지막 결정이 사라지는 때를 기록한다.)

결과 및 토의

1. 측정한 녹는점 __________ ~ __________ ℃

2. 적외선 흡수스펙트럼을 붙이시오.

3. 얻은 흡수스펙트럼에서 아스피린과 살리실산에 존재하는 작용기를 찾아 분석하시오. 예를 들면, 방향족 C=C, 방향족 C-H, 에스터기의 C=O, C-O, 카복실기의 C=O, 페놀의 O-H 이러한 작용기들이 어디에서 흡수띠를 보이며, 얻은 흡수스펙트럼에서 찾을 수 있는가?

4. 조교로부터 얻은 reference 스펙트럼과 실험으로 얻은 스펙트럼을 비교하시오.

5. 정색반응, 녹는점, 적외선 흡수스펙트럼의 결과를 토대로 재결정된 아스피린의 순도를 평가하시오.

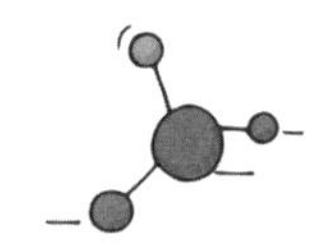

수화물의 화학식 결정
(Determine the formula of a hydrate)

07 수화물의 화학식 결정(Determine the formula of a hydrate)

목표

수화물의 조성을 이해하고 특정 수화물과 관련된 물 분자의 양을 결정한다.

이론적 배경

많은 이온 화합물은 두 개 이상의 형태로 존재한다. 무수(anhydrous) 형태의 화합물은 화합물 자체의 분자만을 함유한다. 수화(hydrated)된 형태의 화합물은 화합물의 분자 및 화합물의 각 분자에 느슨하게 결합된 하나 이상의 물 분자를 포함한다. 이러한 물 분자는 수화수(water of hydration) 또는 결정수(water of crystallization)라 하고, 화합물이 수용액으로부터 결정화될 때 결정격자 내로 혼입된다. 이러한 물 분자는 결정격자 내에서 특정한 위치를 취하기 때문에 화합물 분자에 대한 물 분자의 비율은 고정되어 있다. 예를 들면, 황산구리(copper sulfate)는 무수화합물($CuSO_4$)의 형태와 오수화물($CuSO_4 \cdot 5H_2O$) 형태로 존재한다. 황산구리는 결정격자의 기하학적 구조가 4개 또는 6개의 물 분자가 결합하는 것을 허용하지 않기 때문에 사수화물 또는 육수화물 형태로 존재하지 않는다.

황산구리를 포함한 일부 화합물은 단 하나의 안정한 수화물 형태를 가지고 있다. (일수화물 및 삼수화물 형태의 황산구리가 알려져 있지만 제조가 어렵고 물 분자를 흡수하거나 방출하여 보다 안정한 무수 또는 오수화물 형태로 자발적으로 전환하는 경향이 있다.) 다른 화합물은 둘 또는 그 이상의 수화물 형태를 갖는다. 예를 들어, 탄산나트륨(sodium carbonate)은 무수 형태(Na_2CO_3), 일수화물 형태($Na_2CO_3 \cdot 1H_2O$), 칠수화물 형태($Na_2CO_3 \cdot 7H_2O$) 및 십수화물 형태($Na_2CO_3 \cdot 10H_2O$)로 존재한다.

많은 무수 화합물은 흡습성을 가진다. 이는 공기로부터 수증기를 흡수하여 점차 수화된 형태로 변환됨을 의미한다. 그래서 염화칼슘($CaCl_2$)과 같은 화합물은 건조제로 사용된다. 반대로 일부 수화된 화합물의 물 분자는 매우 느슨하게 결합되어 건조한 환경에 놓아두면 물 분자를 자연적으로 일부 또는 전부를 잃는다. 또한 일부 화합물은 온도 및 습도에 따라 물 분자를 흡수하여 수화물이 되기도 하고 물 분자를 잃고 무수 화합물이 되기도 한다. 예를 들어 습한 대기에 노출된 무수 황산구리는 수증기를 서서히 흡수하여 오수화물 형태로 전환되고, 따뜻하고 건조한 공기에 노출된 황산구리 오수화물은 점차적으로 물을 잃어 무수 형태로 전환된다.

수화물에서의 결정수는 수화물을 가열함으로써 제거될 수 있기 때문에, 수화물은 실제적으로 무수염과 물의 혼합물이다. (혼합물은 가열과 같은 물리적 수단에 의해 그 구성 요소 부분으로 분리될 수 있는 물질이다). 수화물에 있는 물 분자의 수는 화합물의 분자 수에 고정된 비율로 있기 때문에, 수화물 시료의 무게를 측정하여 고정된 비율을 결정할 수 있고, 결정수를 없애기 위해 화합물을 가열하여 무수 화합물을 얻고 수화된 형태와 무수 형태의 질량 차이를 이용하여 관계를 계산한다.

이번 실험에서는 수화된 황산구리를 가열하여 무수 황산구리를 만들고 질량 차이를 이용하여 얼마나 많은 물 분자가 수화된 황산구리에 있는지 결정한다. 많은 수화물 중 황산구리를 선택한 이유는 수화된 형태(청색)와 무수 형태(백색)가 명백하게 다른 외형을 가지고 있기 때문이다.

실험 도구 및 시약

도가니와 덮개(crucible with cover), 집게(tong), 삼각석쇠(clay triangle), 링 클램프, 스탠드, 알코올램프, 황산구리

실험 과정

※ 열원과 뜨거운 물체에 다룰 때 주의를 기울인다. 도가니를 옮길 때는 항상 집게를 사용한다.

1. 그림과 같이 실험장치를 설치하고 도가니와 덮개를 서서히 1~2분간 가열하여 습기를 증발시킨다.

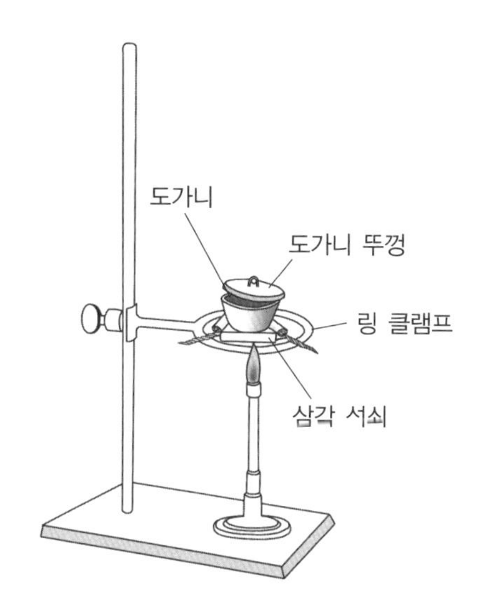

2. 도가니와 덮개를 실온으로 냉각시킨다. (10~15분)
3. 도가니와 덮개의 질량을 측정한다.
4. 황산구리 오수화물($CuSO_4 \cdot 5H_2O$) 5.0 g을 도가니에 담는다.
5. 황산구리 오수화물이 담긴 도가니의 덮개를 덮고 다시 질량을 측정한다.
6. 삼각석쇠(clay triangle) 위에 도가니와 덮개를 올려놓고 서서히 가열한다.
   - 도가니의 덮개를 닫고 가열하였을 때, 덮개에 증발한 수증기가 액화되어 다시 도가니 안으로 떨어져 실험시간을 지연시키므로 덮개를 열고 가열한다. ($CuSO_4 \cdot 5H_2O$가 물 분자를 잃어가면서 일어나는 색깔 변화를 관찰할 수 있다.)
   - 도가니 속 시료가 완전히 회백색이 되었을 때, 덮개를 덮고 3분 정도 추가로 가열한 후 열원을 제거한다.

- 흄 후드를 가동한다.
- 충분한 시간(40분 이상) 동안 가열한다.

7. 알코올램프를 끄고 도가니를 서서히 냉각시킨다.
8. 냉각된 도가니와 덮개의 질량을 측정한다.

결과 및 토의

1. 비어 있는 도가니의 무게 __________ g
2. 가열하기 전 도가니와 수화물의 무게 __________ g
3. 수화물의 무게 __________ g
4. 가열 후 도가니와 무수물의 무게 __________ g
5. 무수염의 무게 __________ g
6. 결정수의 무게 __________ g
7. 무수염의 화학식 __________
8. 무수염의 몰수 __________ mol
9. 증발된 물의 몰수 __________ mol
10. 비율 : $\frac{\text{물의 몰수}}{\text{무수염의 몰수}}$
11. 실험으로 얻은 수화물의 화학식

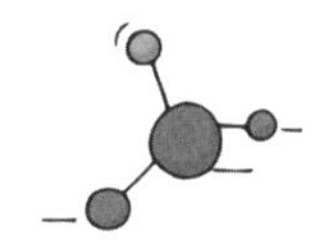

어는점 내림
(Freezing point depression)

08

어는점 내림(Freezing point depression)

목표

순수한 물의 어는점과 그것의 K_f(어는점 내림 상수)를 결정한다.

이론적 배경

용액의 성질 중 용질과 용매 분자의 상대적 수에 의존하고, 용질의 화학종에는 무관한 성질을 총괄성(colligative property)이라고 한다. 총괄성에는 용매의 증기압 내림, 용매의 끓는점 오름, 용매의 어는점 내림, 삼투가 있다. 네 가지 성질은 모두 용매의 두 상 사이 또는 농도가 다른 두 용액 사이의 평형에 관련된다. 이 실험에서는 세 가지 용액의 어는점 내림을 측정해볼 것이다.

어는점은 액체가 고체로 변화할 때 방출된 열에너지가 모두 응고열로 쓰이기 시작할 때 온도로 순수한 물의 어는점은 0 ℃이다. 그런데 소금과 함께 여러 가지 물질이 섞여 있는 바닷물은 순수한 물보다 약 2 ℃ 아래에서 언다. 이러한 현상을 어는점 내림(freezing point depression)이라 한다. 순수한 물은 액체 상태에서 고체 상태로 얼게 되는 속도와 그 역반응 속도가 같아지는 평형상태를 이루게 되면, 온도는 상 변화 동안 일정하게 유지된다. 그러나 소금과 같은 용질이 첨가되면 액체에서 고체로 어는 속도가 느려지게 된다. 따라서 용액은 순수한 물과 같이 액체와 고체 사이에서의 평형상태를 이룰 수가 없게 되고 응고가 진행되는 동안 온도가 계속 떨어진다. 또한 용액이 얼 때 과냉각이 종종 발생한다. 이것은 결정이 생성될 때 온도가 잠시 어는점 아래로 떨어졌다가 다시 약간 상승하는 상황이다. 이때 기록해야 하는 어는점 온도는 도달한 최저 온도가 아니라 얼음 결정이 처음 형성되기 시작하는 온도이다. (그림 1 참조)

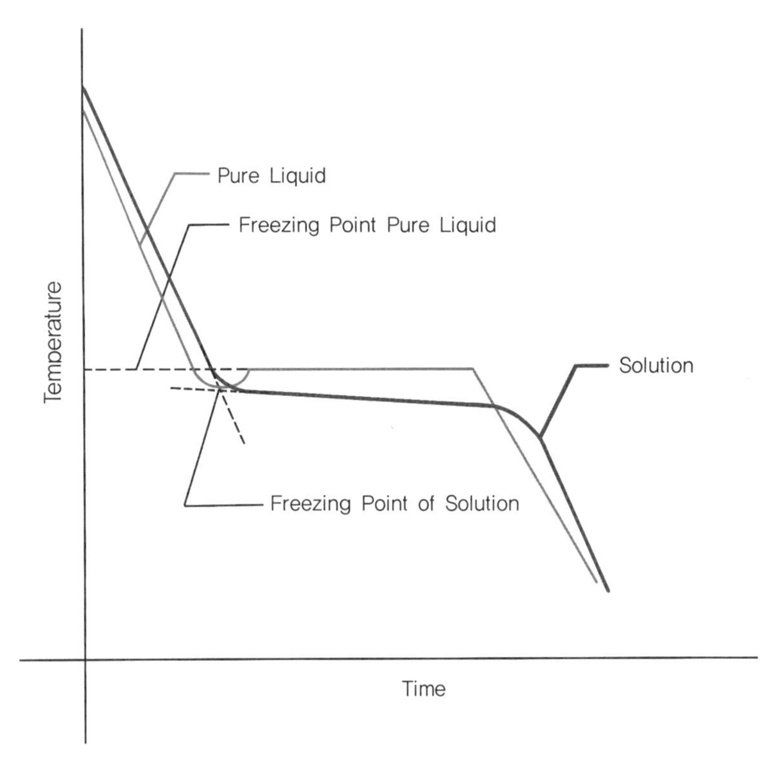

그림 1. 냉각곡선

총괄성은 용질과 용매 분자의 상대적 수에 관계되므로, 어는점 내림 실험에 사용된 용액의 농도는 몰 농도가 아닌 몰랄농도로 표현되어야 한다. 용액의 몰랄농도는 용매 1 kg에 첨가되는 용질의 몰수이다. 몰랄농도의 IUPAC 기호는 *m*이다. 용질의 어는점 내림(ΔT)은 다음 식에 의해 주어진다.

$$\Delta T = K_f \times m \times i$$

여기서, K_f는 어는점 내림 상수(°C/m)이고, *m*은 용액의 몰랄농도이고, i는 용질의 한 분자에 의해 생성된 입자(분자 또는 이온)의 수이다.

실험 도구 및 시약

1000 mL 비커, 시험관, 온도계, 스톱워치, 자석젓개(stirring bar), ice-salt bath, 증류수, 에탄올, NaCl

실험 과정

실험 A. Ice-salt bath 준비

1. 1000 mL 비커에 800 mL 눈금까지 얼음을 담고, 소금 1컵을 담아 잘 섞는다.
2. 얼음을 조금 더 채워 다시 섞는다.

실험 B. 어는점 측정

1. 깨끗한 시험관을 취하여 바닥으로부터 1/3 높이까지 증류수를 채우고 자석젓개(stirring bar)를 넣는다.
2. 시료에 온도계 끝이 2~3 cm 정도 잠기도록 온도계를 고정시키고 마개(stopper)로 시험관 입구를 막는다. 이때 온도계 끝이 시험관 벽에 붙지 않도록 주의한다.
3. 시험관 속 시료가 충분히 잠기도록 ice-salt bath에 시험관을 넣고 교반하면서 10초 간격으로 온도를 측정한다.
4. 조교가 준비한 다른 시료(5% 에탄올 수용액, 5% NaCl 수용액)로 위 과정을 반복한다.

결과 및 토의

시료 / 시간	온도		
	증류수	5% 에탄올	5% NaCl
0′ 00″			
0′ 10″			
0′ 20″			
0′ 30″			
0′ 40″			
0′ 50″			
1′ 00″			
1′ 10″			
1′ 20″			
1′ 20″			
1′ 30″			
1′ 40″			
1′ 50″			
2′ 00″			
2′ 10″			
2′ 20″			
2′ 30″			
2′ 40″			
2′ 50″			
3′ 00″			
3′ 10″			
3′ 20″			
3′ 30″			
3′ 40″			
3′ 50″			
4′ 00″			
4′ 10″			
4′ 20″			
4′ 30″			
4′ 40″			
4′ 50″			
5′ 00″			
5′ 10″			
5′ 20″			
5′ 30″			
5′ 40″			
5′ 50″			
6′ 00″			
6′ 10″			
6′ 20″			
6′ 30″			
어는점			

1. 측정된 데이터를 반영하여 물의 어는점 내림 상수를 결정하시오.

2. 순수한 물의 어는점 내림 상수의 이론적 값과 실험 값을 비교해보고 오차의 원인을 서술하시오.

3. 오차를 줄이기 위한 방법은 무엇입니까?

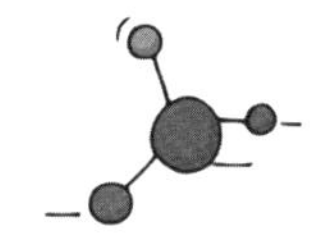

끓는점 오름
(Boiling point elevation)

09

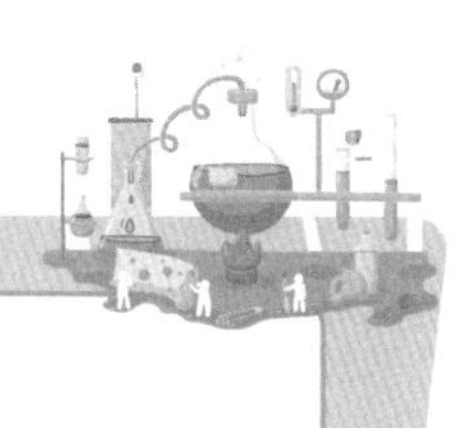

끓는점 오름(Boiling point elevation)

목표

✓ 순수한 물과 다양한 수용액 혼합물의 끓는점을 측정한다.
✓ 용액 농도나 이온 농도에 따라 끓는점이 어떻게 변화하는지 확인한다.

이론적 배경

용매에 첨가된 용질은 1) 어는점을 낮추고, 2) 끓는점을 높이고, 3) 삼투압을 증가시키고, 4) 증기압을 내린다. 이 네 가지 속성을 총괄성(colligative property)이라고 한다. 이러한 성질은 용질의 종류와 무관하고 오로지 용질의 입자수에 의해서만 결정된다. 항상 용질은 비휘발성이라 가정한다(따라서 용질은 증기압에는 기여하지 않는다). 즉, 같은 농도의 NaCl과 KNO_3 용액은 동일한 양만큼 끓는점을 올린다. 총괄성을 고려할 때 NaCl과 KNO_3 사이의 화학적 차이는 중요하지 않다. 중요한 것은 각각의 용질이 용해될 때 생성되는 입자의 수이다. 예를 들어, 용해될 때 3개의 이온을 생성하는 용질은 용해될 때 하나의 입자만 생성하는 용질에 비해 끓는점 오름의 정도가 3배가 될 것이다.

순수한 용매와 비교할 때, 용액에 대한 끓는점의 변화는 다음과 같다.

$$\Delta T_b = T_b(\text{용액}) - T_b(\text{용매}) = K_b \times m \times i$$

여기서, K_b는 사용되는 용매의 몰랄 끓는점 오름 상수(molal boiling point elevation constant), m은 용액의 몰랄농도, i는 van't Hoff 지수이다. 비전해질의 경우 i=1이고, 전해질의 경우 i값은 물질이 용매에 얼마나 이온화되느냐 정도에 의존한다.

이번 실험에서는 NaCl과 수크로오스(sucrose) 용액의 끓는점을 결정할 것이다. 우리는 NaCl은 2개의 이온(Na^+와 Cl^-)으로 수용액상에서 존재하고, 반면 수크로오스는 용해될 때 해리되지 않는다고 기대한다. 위의 내용을 토대로 서로 다른 농도의 서로 다른 용질에 대해 끓는점이 어떻게 변하는지 유사점과 차이점을 예측하고 확인해보도록 한다.

실험 도구 및 시약

100 mL 눈금실린더, 250 mL 삼각플라스크, 온도계, 자석젓개(stirring bar), 가열교반기, 증류수, 수크로오스, NaCl

실험 과정

1. 아래 그림과 같이 장치를 설치한다. 삼각플라스크는 구멍 뚫린 스토퍼로 막고 가열교반기 위해 놓는다. 온도계는 스토퍼의 구멍을 통해 플라스크 안으로 넣고 이때 온도계의 끝이 바닥이나 벽면을 닿아선 안 된다. (※ 삼각플라스크를 스토퍼로 막을 때 증기가 빠져나갈 수 있도록 느슨하게 한다.)

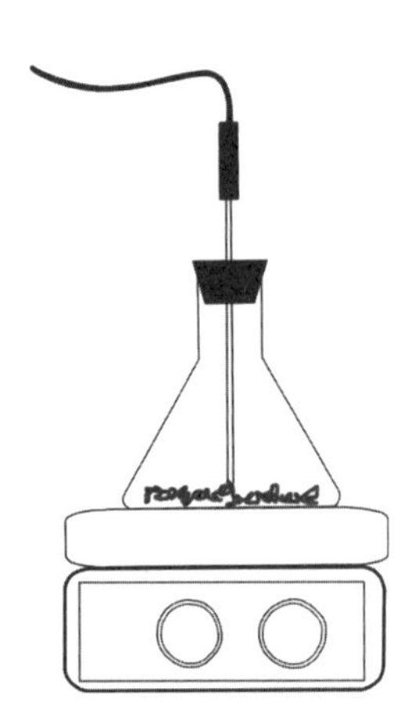

2. 실험에 사용할 수용액 시료를 준비한다. (0.5 M NaCl, 1 M NaCl, 0.5 M 수크로오스, 1 M 수크로오스)

3. 눈금실린더로 정확히 100 mL의 증류수를 측정하고 250 mL 삼각플라스크로 옮긴다. 물을 서서히 끓인다.

4. 물이 원활하게 끓기 시작하면 온도를 기록한다. 물의 끓는점은 대기압에 따라 다르지만 100 °C에 매우 가까워야 한다.

5. 준비된 다른 용액에 대해서도 끓는점을 측정한다.

결과 및 토의

	화합물의 입자수	용질의 질량 (g)	몰랄농도 (mol/Kg)	측정한 끓는점 (°C)	계산된 끓는점 (°C)	오차값
0.5 M NaCl						
1 M NaCl						
0.5 M 수크로오스						
1 M 수크로오스						

* 몰랄농도 계산 시 물의 밀도=1.0 g/mL

1. 어떤 용질이 가장 큰 끓는점 오름을 만들었는가?

2. 어떤 용질이 가장 작은 끓는점 오름을 만들었는가?

3. 용액의 끓는점은 각각의 용질이 용해될 때 생성되는 입자수를 기반으로 예상되는 것과 일치하는가? (설명)

4. 측정된 온도와 계산된 온도의 차이점을 설명하시오. (오차 요인 설명)

5. 100.0 g의 어떤 용질과 1000 mL(1 kg)의 물로 용액을 만들고 그 끓는점이 순수한 물의 끓는점보다 1.024 °C 높다면 이 용질의 분자량은 어떻게 되는가?

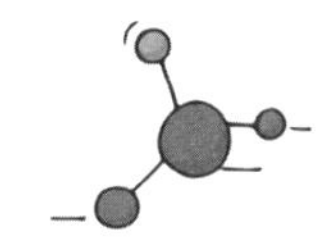

분자 모델링(Molecular modeling) 1

10

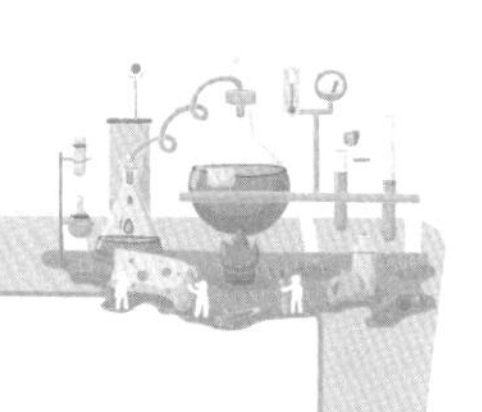

분자 모델링(Molecular modeling) 1

목표

루이스 구조, VSEPR 모형의 원리, 공유 분자의 3차원 구조를 이해한다.

이론적 배경

화학은 분자의 학문이다. 분자는 물질의 특성(property)을 나타내는 최소 단위 입자로, 이러한 분자의 특성 또는 기능(function)을 나타내는 것은 모두 분자의 구조(molecular structure)에 따라서 결정이 된다. 새로운 소재를 개발할 때 구조-특성 상관관계(structure-property relationship), 구조-기능 상관관계(structure-function relationship) 또는 신약개발에서 많이 사용하는 구조-활성 상관관계(structure-activity relationship, SAR)에 대한 연구는 모두 구조가 물질의 특성을 결정짓는 것을 기반으로 한 접근법이다. 그만큼 화학에서 분자 구조에 대한 이해는 중요해진다. 이번 실험에서 다루는 루이스 구조와 VSEPR 원리, 형식전하 계산은 화학분자 구조에 대한 이해의 첫걸음이다.

루이스 구조(Lewis structure)

루이스 기호(Lewis symbol)는 그 원소의 화학기호와 원자가 전자를 표시하는 점으로 구성된다. 공유결합 형성은 루이스 기호로 나타낼 수 있다. 예를 들어 수소, 불소 분자의 생성은 다음과 같이 표시할 수 있다.

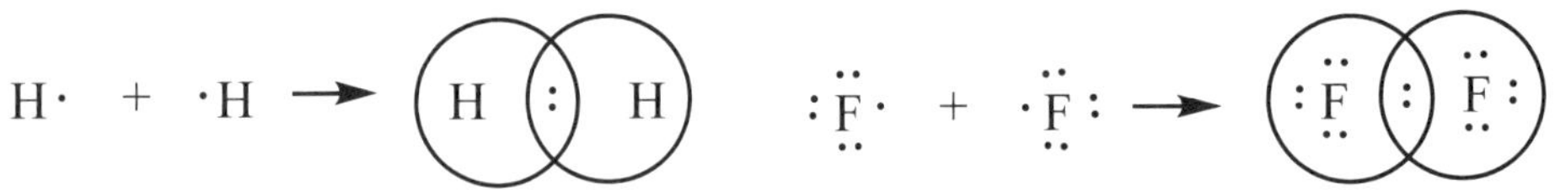

H· + ·H → (H : H)   :F̤̈· + ·F̤̈: → (:F̤̈ : F̤̈:)

결합 전자쌍을 공유함으로써 각 불소 원자는 원자가 껍질에 8개의 전자를 얻게 되고 그것은 네온의 전자 구성과 같아진다. H_2와 F_2에 대해 여기에 표시된 구조는 루이스 구조(또는 루이스 전자점 구조)라고 부른다. 루이스 구조를 쓰는 데 있어서 우리는 일반적으로 원자들 사이에서 공유되는 각 전자쌍을 선으로 표현하고, 공유되지 않은 전자쌍은 점으로 나타낸다. 이런 식으로 쓰면 H_2와 F_2에 대한 루이스 구조는 다음과 같다.

H—H   :F̤̈—F̤̈:

원자들은 8개의 원자가 전자를 가질 때까지 전자를 얻거나 잃거나 공유한다. (팔전자 규칙(octet rule)) 비금속의 경우, 중성 원자의 원자가 전자수는 족의 번호와 같다. 따라서 F와 같은 7A 원소가 하나의 공유결합을 형성하여 팔전자(octet)를 달성할 것으로 예측할 수 있다. O와 같은 6A 원소는 2개의 공유결합을 형성할 것이다. N과 같은 5A 원소는 3개의 공유결합을 형성할 것이다. C와 같은 4A 원소는 4개의 공유결합을 형성할 것이다. 예를 들어, 주기율표 제2주기의 비금속의 단순한 수소 화합물을 생각해보자.

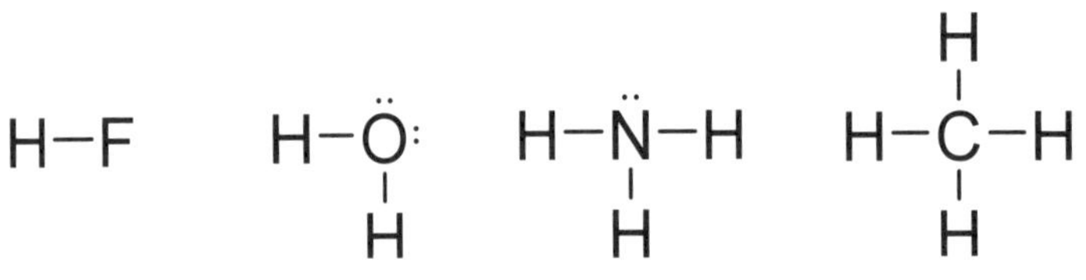

H—F   H—Ö:(—H)   H—N̈—H(—H)   H—C—H (—H, —H)

형식전하(Formal charge)

이산화탄소의 루이스 구조를 그려보면, 다음과 같은 두 가지 구조를 그릴 수 있는데 둘 다 팔전자 규칙을 만족한다.

$$\ddot{\underset{\cdot\cdot}{O}}=C=\ddot{\underset{\cdot\cdot}{O}} \qquad :\ddot{\underset{\cdot\cdot}{O}}-C\equiv O:$$

그렇다면 어느 구조가 실제 이산화탄소의 루이스 구조일까?

이 문제를 해결하기 위해서는 각 원자의 형식전하를 계산해봐야 한다. 형식전하란 분자 내 모든 결합 전자쌍을 두 원자가 동등하게 나누어 가진다고 가정하였을 때 각 원자가 갖는 전하이다.

$$\text{형식전하} = \text{원자가 전자의 수} - \frac{\text{결합전자의 수}}{2} - \text{비공유 전자의 수}$$

이산화탄소의 두 가지 루이스 구조의 형식전하를 계산하면 아래와 같다.

$$\ddot{\underset{\cdot\cdot}{O}}=C=\ddot{\underset{\cdot\cdot}{O}}$$

	O	C	O
원자가전자수	6	4	6
−비공유전자수	4	0	4
$-\frac{1}{2}$(결합전자수)	$\frac{1}{2}(4)$	$\frac{1}{2}(8)$	$\frac{1}{2}(4)$
형식전하	0	0	0

$$:\ddot{\underset{\cdot\cdot}{O}}-C\equiv O:$$

	O	C	O
원자가전자수	6	4	6
−비공유전자수	6	0	2
$-\frac{1}{2}$(결합전자수)	$\frac{1}{2}(2)$	$\frac{1}{2}(8)$	$\frac{1}{2}(6)$
형식전하	−1	0	+1

형식전하를 계산했을 때, 각 원자의 형식전하의 합은 중성분자는 0이어야 하고 이온의 경우 형식전하의 합이 이온의 전하량과 같아야 한다. 또한 팔전자 규칙을 만족하는 몇 가지 루이스 구조가 가능할 때는 다음 규칙을 만족시키는 구조가 실제 분자의 루이스 구조, 즉 가장 안정한 구조이다.

1. 모든 원자들이 0에 가까운 형식전하를 가질 경우
2. 전기음성도가 가장 큰 원자에 음전하가 있을 경우

그러므로 모든 원자들의 형식전하가 0인 첫 번째 루이스 구조가 실제 이산화탄소의 루이스 구조이다.

원자가 껍질 전자쌍 반발 모형(Valence shell electron pair repulsion(VSEPR) model)

공유결합 분자에서 원자들은 원자가 껍질 전자쌍(valence electron pair)을 공유함으로써 함께 결합된다. 전자쌍은 음전하를 띠고 있어서 서로 반발하려고 한다. 분자 내에서 전자쌍의 최적 배치는 전자쌍들의 반발을 최소화하는 것이다. 이 간단한 아이디어는 원자가 껍질 전자쌍 반발 또는 VSEPR 모델의 개념이 된다. 따라서 표 1에 예시된 바와 같다.

표 1. 입체수(steric number)에 따른 분자의 기하 구조 예측

입체수	전자 영역 배열	전자 영역의 기하 구조	예측 결합각
2	180°	선형	180°
3	120°	평면 삼각형	120°

표 1. 입체수(steric number)에 따른 분자의 기하 구조 예측(계속)

입체수	전자 영역 배열	전자 영역의 기하 구조	예측 결합각
4	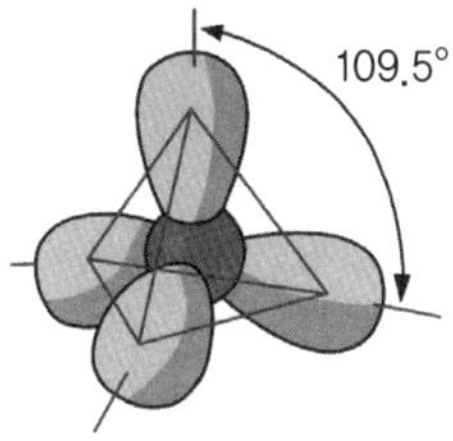 109.5°	사면체형	109.5°
5	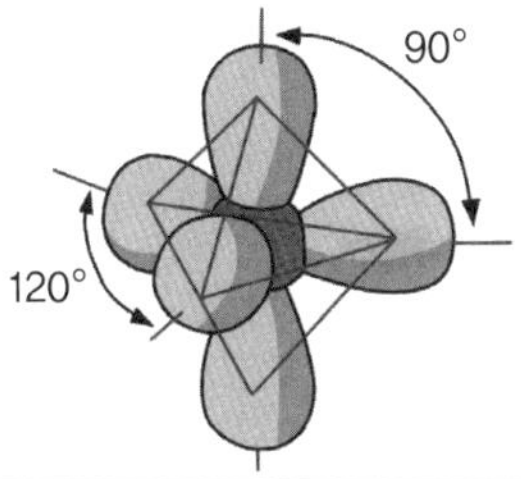 90° 120°	삼각 쌍뿔형	120° 90°
6	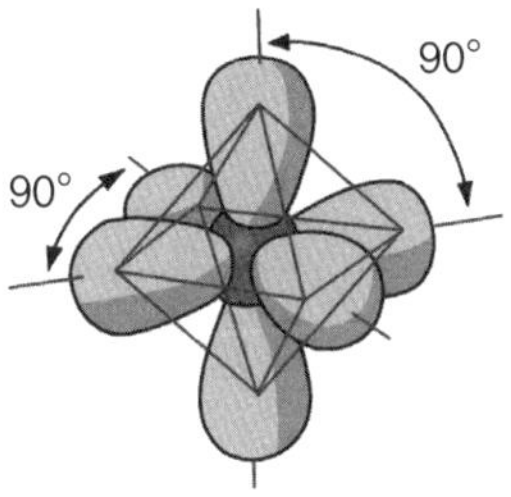 90° 90°	팔면체형	90°

분자의 기하 구조 예측(Predicting molecular geometry)

AB_n 분자(또는 이온)의 중심원자에 대한 전자쌍 배열을 전자쌍 구조라고 한다. 우리는 전자쌍 구조로부터 분자의 기하학적 구조를 예측할 수 있다.

다음은 VSEPR 모형을 사용하여 분자 구조를 예측하는 데 사용되는 단계이다.

1. 분자 또는 이온의 루이스 구조를 그린다.
2. 중심원자 주변의 전자쌍의 총 수를 세고, 전자쌍 반발을 최소화하는 방식으로 전자 원자를 배열한다. (표 1 참조)
3. 결합된 원자들의 배열을 알기 위해서 단지 결합 전자쌍만 고려하여 분자의 기하 구조를 결정한다.

4. 이중 또는 삼중 결합은 기하 구조를 예측할 때 하나의 결합 쌍으로 계산한다. 또는 입체수 (steric number, SN)를 계산하여 표 1과 같이 구조를 예측할 수 있다. 입체수 = (중심원자에 결합된 원자의 개수) + (중심원자의 비공유 전자쌍 수)

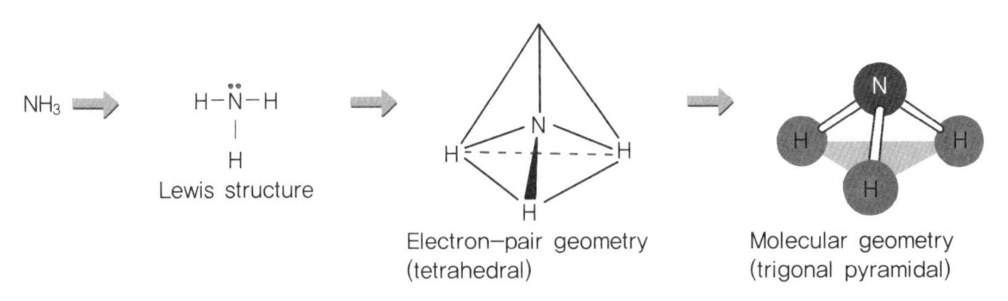

그림 1. NH_3 분자의 기하 구조의 결정

실험 도구 및 시약

Molymod® 무기/유기 분자 모형 세트

실험 과정

1. 정확한 루이스 구조를 그린다.
2. VSEPR 모형을 이용하여 기하학적 구조를 예측한다.
3. 화합물에 대한 분자 모형을 조립한다.
4. 분자 모형을 토대로 그 물질들의 성질을 예측해본다.

결과 및 토의

1. 모형 세트를 적절히 사용하여 표에 작성된 화합물의 분자 모형을 만들고 표를 완성하시오.

분자식	중심원자의 결합전자쌍 수	중심원자의 고립전자쌍 수	분자의 기하학적 구조	결합각
$BeCl_2$				
BF_3				
$SnCl_2$				
CH_4				
NH_3				
H_2O				
PCl_5				
SF_4				
XeF_2				

2. 다음 표에 있는 이온들의 구조를 예측하시오.

이온	구조
N_3^-	
CO_3^{2-}	
NO_3^-	
BF_4^-	

3. 비공유 전자쌍이 공유 전자쌍보다 더 넓은 공간을 차지한다. 따라서 비공유-비공유 전자쌍의 상호작용(repulsion)은 비공유-공유 전자쌍의 상호작용보다 크고, 비공유-공유 전자쌍의 상호작용은 공유-공유 전자쌍의 상호작용보다 크다. 루이스 구조를 그리고, 앞서 설명한 내용을 토대로 다음 화합물의 일반적인 모형이 어떻게 변형될 것으로 예측되는지 설명하시오.

(1) OF_2

(2) SCl_2

4. NH_3, NO_2^-, NO_3^- 속의 모든 원자의 형식전하를 계산하시오.

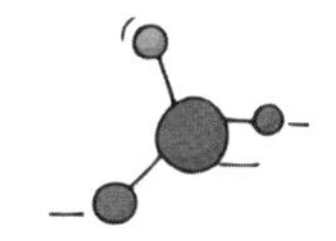

분자 모델링(Molecular modeling) 2

11

분자 모델링(Molecular modeling) 2

목표

분자 모델링 키트를 이용하여 단백질과 핵산의 삼차원 구조를 만들어보면서 생체분자의 구조와 기능의 원리를 이해한다.

이론적 배경

단량체(building block) → 서열(sequence) → 구조(structure) → 기능(function)

그림 1. 생체분자의 구조와 기능

세포의 단백질, DNA(deoxyribonucleic acid), RNA(ribonucleic acid) 등 생체분자의 구조는 그 생체분자의 기능에 직접적인 영향을 준다. 대표적인 예로 아미노산 중합체인 단백질을 들 수 있다. 단백질은 생체 내에서 신호전달, 생합성, 면역반응 등의 수많은 기능을 한다. 단백질이 이러한 기능을 하기 위해서 접힘(folding)을 통해 단백질은 특정한 3차원 구조를 지닌다. 접힘(Folding)은 비공유결합 상호작용(수소결합, 이온－이온 상호작용, 소수성 상호작용, 반데르발스 힘 등)을 통해 이루어진다. 따라서 단백질의 기능을 이해하기 위해서는 단백질의 접힘 구조를 이해하는 것이 중요하다.

단백질의 일차구조(primary structure)는 20개의 아미노산들이 유전자에 암호화(encoded)된 정보에 따라 아마이드 결합을 통해 만들어진 펩타이드 사슬이다. 펩타이드 사슬은 비공유결합 상호작용을 통해 이차구조(secondary structure)를 구성한다. α-helix, β-sheet, β-turn과 random-coil 등의 단백질의 이차구조는 펩타이드 사슬 분자 내 수소결합과 아마이드 결합의 *trans-cis* isomerization

을 통해 결정된다. 본 실험에서 분자 모델링 키트를 사용하여 단백질의 이차구조인 α-helix, β-sheet를 만들어보며, 단백질 구조형성 원리를 이해하도록 한다.

DNA는 4종류의 뉴클레오타이드(nucleotide)로 구성된다. 뉴클레오타이드는 라이보스(ribose) 당 구조에 인산과 염기가 결합된 구조로, 뉴클레오타이드에 사용되는 염기에 아데닌(adenine), 구아닌(guanine), 사이토신(cytosine), 구아닌, 티민(tymine)과 우라실(uracil)이 있다. DNA는 아데닌, 구아닌, 사이토신, 티민의 4가지 염기를 사용하는 뉴클레오타이드 사이 당－인산결합을 이루고 있으며, 두 개의 DNA 사슬이 이중나선구조를 이루고 있다. DNA 이중나선구조는 유전 정보를 담고 있으며, 그 유전 정보는 한 세대에서 다음 세대로 전해져 내려온다. 3개의 염기가 모여 하나의 아미노산의 정보를 DNA 염기서열에 암호화(encoding)한다. 유전 정보를 담고 있는 DNA의 이중나선구조는 염기 간의 수소결합과 염기의 π 오비탈 간의 상호작용을 통해 안정화된다. 본 실험에서 분자 모델링 키트를 이용하여 A, G, T, C의 염기를 가진 뉴클레오타이드를 만들고, 뉴클레오타이드의 염기쌍 사이 수소결합을 구성하며 DNA 이중나선구조의 원리를 이해한다.

실험 도구

HGS Biochemistry Molecular Model Kit(Maruzen)

실험 과정

실험 A. backbone 준비하기

1. 본 실험에서 사용되는 분자 모델링 키트는 DNA나 단백질 같은 생체분자를 모델링하는데 사용된다. 따라서 1 Å이 1 cm로 제작되어 있다. 산소는 빨간색, 질소는 파란색, 탄소는 검은색, 인은 노란색으로 칠해진 ball을 이용한다.
2. 아미노산 backbone unit 만들기

그림 2의 아미노산 backbone unit을 참고하여 단백질의 이차구조를 만들기 위한 아미노산 단위체를 20개 만든다.

그림 2. 아미노산 backbone unit 만들기

실험 B. α-helix 만들기

단백질의 삼차원 구조는 α-helix, β-sheet, 과 random-coil 등의 이차구조들로 구성되어 있다. Protein data bank(PDB, www.rcsb.org)에서 구조를 찾을 수 있는 단백질들은 많은 경우 α-helix 이차구조를 포함하고 있다. 이 alpha-helix 구조를 모델로 만들기 위하여 아미노산들을 연결하여 펩타이드 사슬을 구성한 후 C=O의 산소와 이 아미노산의 4번째에 결합된 아미노산의 NH의 수소를 α 탄소의 결합각을 조정하여 수소결합으로 연결한다. 각각의 수소결합들을 이어주면 나선형의 α-helix 구조를 만들 수 있다. (그림 3 참고)

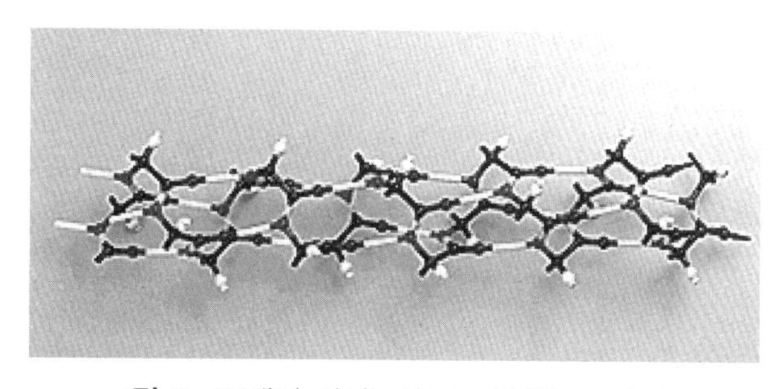

그림 3. 20개의 아미노산으로 구성된 α-helix

실험 C. parallel β-sheet 만들기

그림 4를 참고하여 두 개의 펩타이드 사슬을 N 말단과 C 말단이 같은 방향으로 오게 평행한 상태로 위치한다. 두 펩타이드 사슬(A : 위 펩타이드 사슬, B : 아래 펩타이드 사슬) 간 수소결합을 그림 4를 참고하여 연결한다. Parallel β-sheet은 큰 물결형태를 가지고, 펩타이드 사슬의 곁가지가 β-sheet에 수직하게 위치한다.

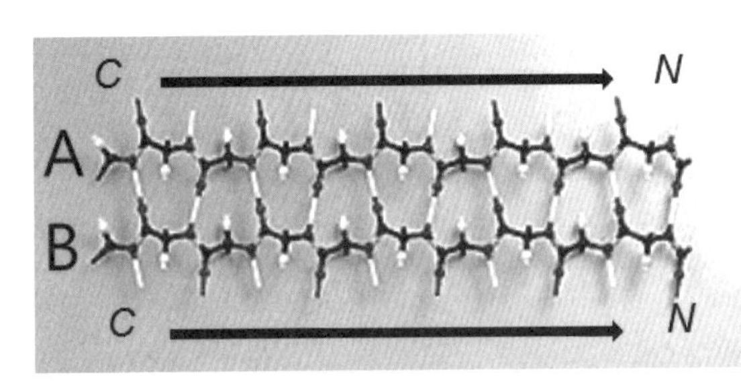

그림 4. 두 개의 펩타이드 사슬로 구성된 parallel β–sheet

실험 D. anti-parallel β-sheet 만들기

두 개의 펩타이드 사슬의 N 말단과 C 말단을 반대 방향으로 평행하게 위치한다. 그림 5를 참고하여 사슬 A의 질소(N)와 사슬 B의 산소(O)를 수소결합으로 연결한다.

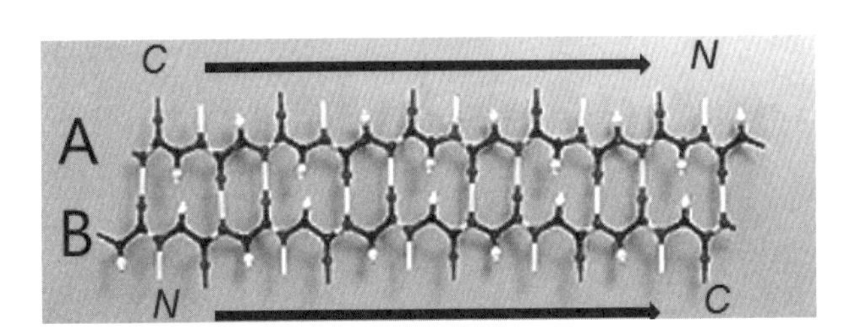

그림 5. 두 개의 펩타이드 사슬로 구성된 anti–parallel β–sheet

실험 E. 뉴클레오타이드와 염기쌍 만들기

분자 모델링의 키트를 사용하여 아래의 그림 6~8을 참고하여 뉴클레오타이드를 만들고 A-T, G-C의 염기쌍을 구성한다.

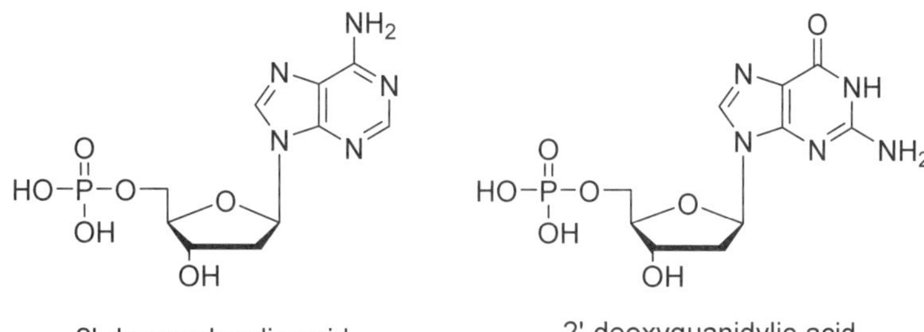

2'-deoxyadenylic acid　　2'-deoxyguanidylic acid

2'-deoxycytidylic acid　　2'-deoxythymidylic acid

그림 6. 뉴클레오타이드의 구조

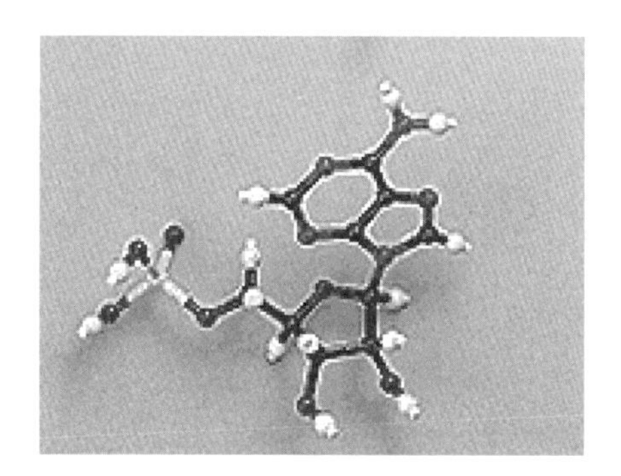

그림 7. 분자 모델링 키트를 이용하여 구성한 아데노신 일인산(AMP, adenosine monophosphate)

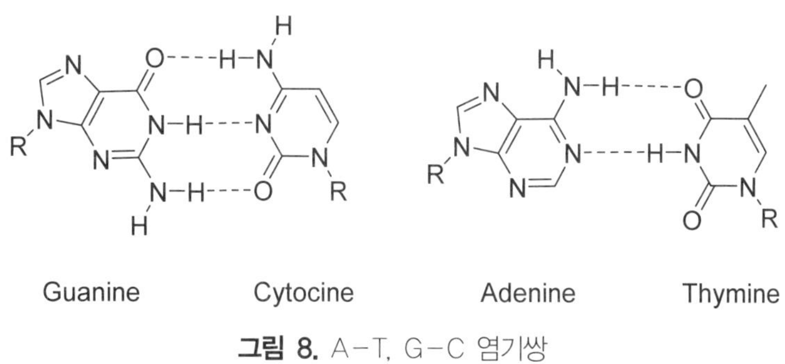

그림 8. A−T, G−C 염기쌍

결과 및 토의

실험 A-E

1. α-Helix, parallel β-sheet, anti-parallel β-sheet 분자 구조를 만들고 조교와 함께 단백질의 이차구조에 대해서 토의한다.

2. A, T, G, C 네 가지 염기를 포함하는 뉴클레오타이드를 만들고 왓슨-크릭의 A-T/G-C 염기쌍끼리 연결하여 핵산의 결합 원리를 생각해본다.

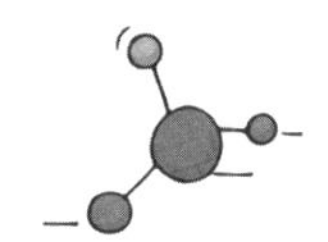

분자 모델링(Molecular modeling) 3

12

분자 모델링(Molecular modeling) 3

목표

컴퓨터 소프트웨어를 사용하여 단백질의 3차원 구조를 분석한다.

이론적 배경

현대 화학에서는 컴퓨터를 이용한 분자 모델링과 계산화학 분야가 활발히 연구되고 있다. 특히 생체분자는 분자량이 거대하고, 복잡한 서열과 구조를 가지고 있기 때문에 단백질이나 핵산같은 컴퓨터를 이용한 연구가 필수적이다. 컴퓨터 과학의 발달로 계산과 시뮬레이션을 이용하여 실험적으로 발견된 사실을 뒷받침하거나, 실험을 수행하기 힘든 경우 컴퓨터를 이용한 가상 실험을 통해 이론적 원리를 밝히는 연구가 많이 이루어지고 있다.

단백질의 고유한 구조는 기능을 결정한다. 따라서 단백질의 기능을 연구하기 위해서는 구조에 대한 이해가 중요하고, 그 때문에 과학자들은 X-ray 결정학과 NMR(Nuclear Magnetic Resonance)을 이용하여 단백질의 구조를 규명한다. 이렇게 밝혀진 단백질의 구조는 pdb(protein data bank) 파일 형식으로 데이타뱅크(www.rcsb.org)에 저장되어 연구자들이 쉽게 접근할 수 있게 되어 있다. 단백질 구조들은 의약화학 분야에서 약물과 단백질 간의 상호작용을 연구하는 데 사용되기도 한다.

앞서 진행하였었던 <실험 11. 분자 모델링 2>에서 분자 모델링 키트를 사용하여 α-helix, β-sheet 구조를 만들어보았다. 이번 실험에서는 보다 복잡한 구조를 가진 단백질의 소단위와 이차구조를 컴퓨터 모델링 프로그램을 이용하여 분석하는 것을 목표로 한다.

실험 도구

Chimera version 1.12(가장 최신 버전의 프로그램 사용)

실험 과정

실험 A. 소프트웨어 설치하기

1. Chimera 홈페이지(http://www.cgl.ucsf.edu/chimera/)에 접속한다.
2. 홈페이지의 Quick Links의 Download를 클릭한다.
3. 'chimera-1.12-win64.exe' 파일을 다운로드한다. 다운로드 시 non-commercial software license agreement에 동의한다.
4. 다운로드한 파일을 컴퓨터에 설치한다.
5. 홈페이지의 Quick Link의 tutorials을 클릭한다. 'expanded Getting Started tutorial' 페이지를 통해 소프트웨어의 기본적인 정보를 알아본다.
6. 아래의 사항은 MS Window OS를 기준으로 만들어졌으며 Mac OS는 아래의 사항과 일치하지 않을 수 있다.

실험 B. PDB file 다운로드

Protein Data Bank(PDB)의 파일은 X-ray 결정학과 NMR을 통해 밝혀진 생체분자의 구조를 담고 있다. PDB file은 다양한 출처로부터 얻을 수 있으며, 본 실험에서는 RCSB protein data bank에서 PDB file을 사용한다. 모든 분자 모델은 4개의 알파벳 혹은 숫자로 이루어진 id code를 가지고 있다.

PDB id code 예시

1mbn－a 1973 model of myoglobin, the first protein structure solved.

1tna－a 1975 model of yeast phenylalanine transfer RNA, the first RNA structure solved.

1bna－the first full turn of a DNA double helix solved by crystallography.

2hhd－human hemoglobin

9ins－insulin

1. www.rcsb.org 홈페이지에 접속한다.
2. '1JFF' id code를 입력하여, "alpha-beta tubulin stabilized with Taxol" 페이지에 접속한다.
3. 해당 페이지의 오른쪽 부분의 'download files'를 클릭하여 '1JFF.pdb' 파일을 다운로드받는다.

실험 C. pdb file을 이용하여 단백질 삼차원 구조 분석하기

1. Chimera 소프트웨어를 실행하여, '1JFF.pdb' 파일을 불러온다.
2. File 탭 클릭 후 save image를 클릭하여 그림 1과 같이 사진을 저장한다.

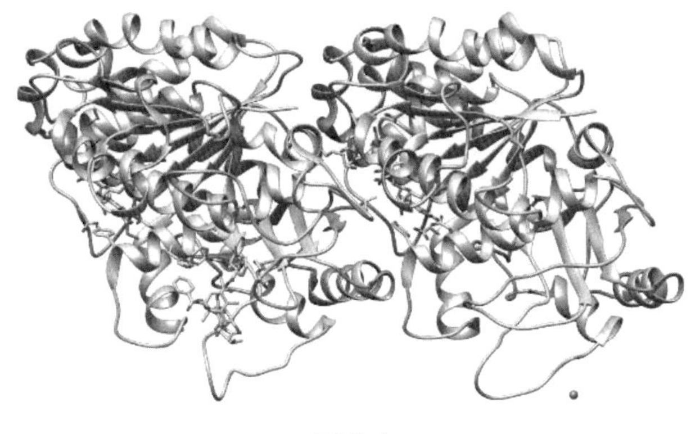

그림 1

3. 마우스를 이용하여 zoom-in, zoom-out, 회전(rotate), 이동(translate)을 할 수 있다.
4. 화면에서 단백질의 이차구조인 α-helix, parallel β-sheet, anti-parallel β-sheet 구조를 찾아본다.

5. 상단의 tool bar의 'select' tab을 클릭 후, 'Chain' → 'B'를 순서대로 클릭한다. 그림 2에서 단백질의 왼쪽 소단위(Subunit)가 초록색으로 하이라이트되는 것을 컴퓨터 모니터에서 확인할 수 있다.

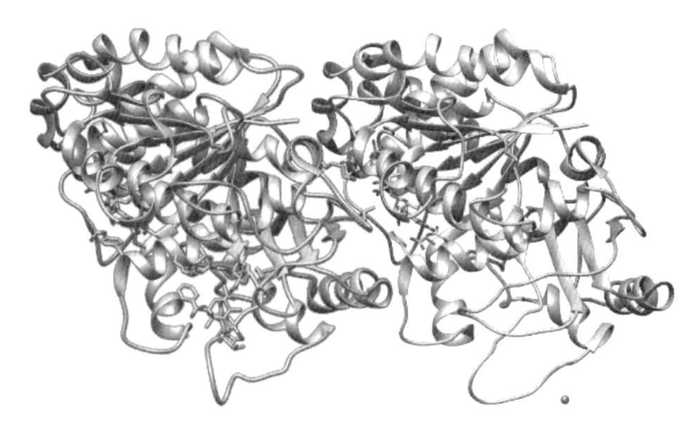

그림 2 (왼쪽 subunit이 초록색으로 나타남)

6. 프로그램 상단의 'Action' → 'Ribbon' → 'Hide' 혹은 'Action' → 'Atom/Bonds' → 'Hide'를 클릭하여 단백질의 소단위 A만 화면에 나타나도록 한다. (그림 3 참고)

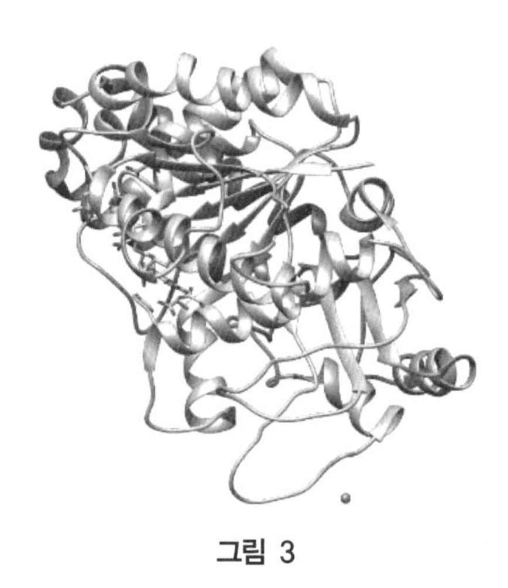

그림 3

7. 'Select' → 'structure' → 'Secondary Structure' → 'helix'를 클릭하여 단백질의 helix 부분을 초록색으로 강조한다.

8. 'Select' → Invert(select model)를 클릭하여 helix를 제외한 부분이 초록색으로 하이라이트되도록 한다.
9. 'Action' → 'Ribbon' → 'Hide' 혹은 'Action' → 'Atom/Bonds' → 'Hide'를 클릭하여 단백질 소단위 A의 helix만 화면에 나타내도록 한다. (그림 4 참고)

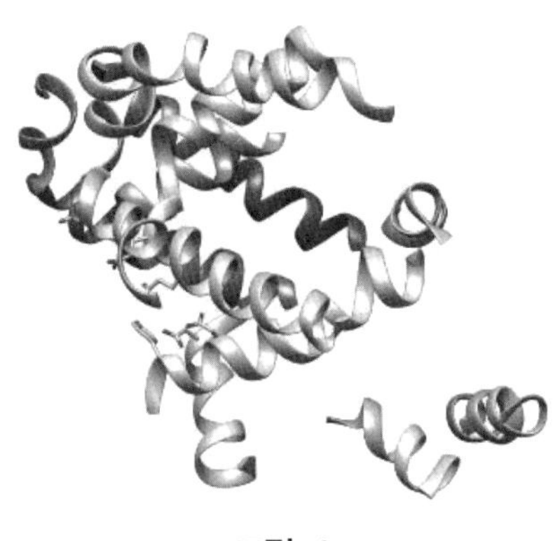

그림 4

실험 D. Single helix 분석하기

1. 실험 C-9의 helix 중 하나의 helix를 선택한다.
2. 'Select' → 'Invert(select models)'를 클릭한 후, 'Action' → 'Ribbon' → 'Hide'를 클릭한다. 그림 5와 같이 한 개의 helix만 화면에 나타나도록 한다.

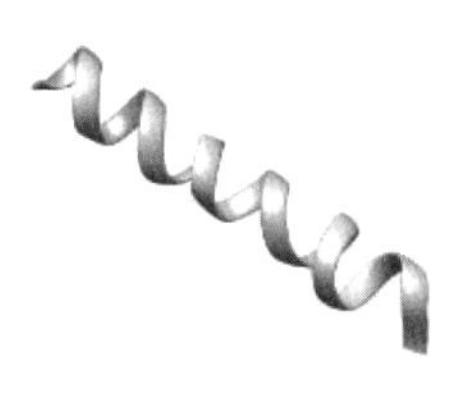

그림 5

3. 화면의 helix를 클릭 후, 'Action' → 'Atoms/Bonds' → 'Show'를 클릭한다.
4. 'Action' → 'Ribbon' → 'Hide'를 클릭하여 그림 6과 같이 helix의 분자 구조를 나타낸다.

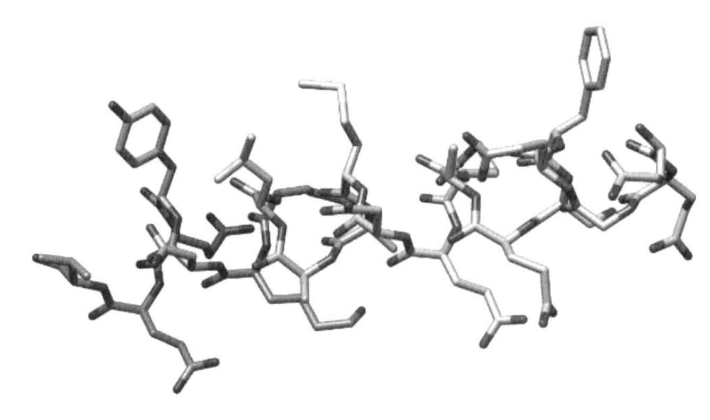

그림 6

5. 'Tools' → 'Structure Analysis' → 'FindHBond'를 클릭한다. 화면에서 열린 dialog box에서 'find these bonds' → 'from both to intra-model'을 클릭한 후 'okay' 버튼을 클릭한다. 화면상의 helix가 가지는 수소결합이 line으로 표시된다.
6. 단백질 나선구조의 수소결합은 대부분 backbone의 N-H의 수소와 C=O의 산소 간에 형성되어 있다. <실험 11>에서 대부분 분자 모델링 키트를 사용하여 만든 α-helix 구조에서 수소결합들은 어떻게 연결되어 있었는가? 일반적으로 α-helix는 3.6개의 아미노산이 나선의 한 바퀴를 구성한다. 이를 화면상의 single helix에서도 확인할 수 있는가?
7. 'Tool' → 'Structure Analysis' → 'Distance'를 클릭하면 dialog box가 열린다. **Ctrl** 키를 누른 채로 화면의 질소 원자를 클릭한다. **Ctrl-Shift**을 클릭한 채로 클릭된 질소와 수소결합을 하고 있는 산소 원자를 클릭하여 질소와 산소 원자를 초록색으로 강조시킨다.
8. Dialog box에서 'decimal point'를 2로 바꾼 후 'Create'를 클릭한다. 그림 7과 같이 수소결합 간의 길이가 화면에 표시된다.
9. helix 구조의 다른 수소결합 길이도 표시하여 수소결합의 일반적인 길이를 구한다.

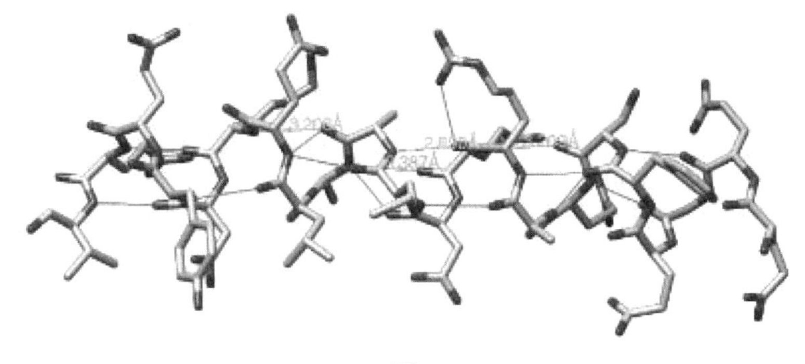

그림 7

실험 D. 모델링 실험하기

1. 실험 C의 방법을 응용하여 그림 8과 같이 beta-sheet 구조를 화면에 나타낸다. Chimera 소프트웨어에서 화면의 beta-sheet을 클릭한 후, 'Select' → 'Structure' → 'Secondary Structure' → 'strand'를 클릭한다. 화면을 다른 각도에서 캡처하여 저장한다.

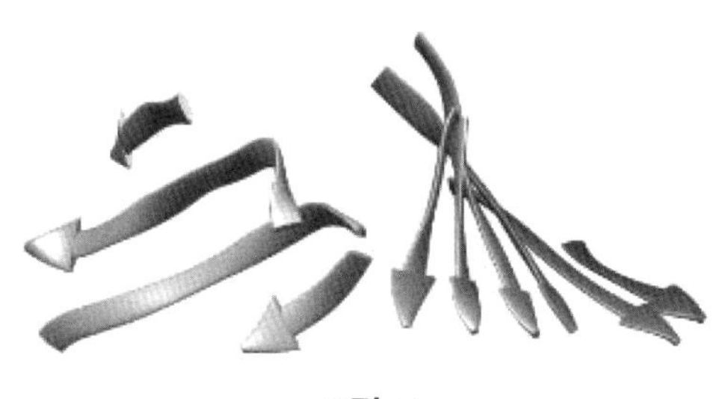

그림 8

2. Beta sheet의 일반적인 수소결합 길이를 실험 C의 5~9의 과정을 따라 구한다.

결과 및 토의

실험 A-D

1. 위의 실험 C와 D 수행 시 본 실험에서 사용한 1JFF.pdb 파일 외 다른 단백질의

pdb 파일을 이용하여도 된다.

2. 실험 A-D를 진행하며 그림 5~7과 같이 화면을 서로 다른 각도에서 캡처하여 두 장의 사진으로 저장한다. 저장한 파일을 인쇄하여 보고서 작성 후 실험 조교에게 제출한다.

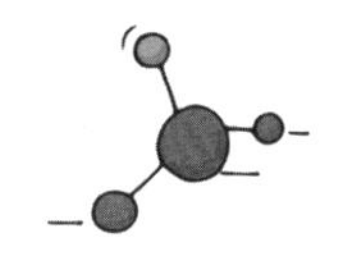

르 샤틀리에 원리 (Le Chatelier's Principle)

13

르 샤틀리에 원리(Le Chatelier's Principle)

목표

✓ 외부자극이 평형에 미치는 영향을 관찰한다.
✓ 강산과 강염기가 완충 용액과 비완충 용액에 미치는 영향을 비교한다.
✓ 동적 평형상태에서 공통이온효과를 관찰한다.

이론적 배경

화학반응에서 가역반응(reversible reaction)의 수득률은 100%에 도달할 수 없다. 모든 가역반응은 정반응의 속도와 역반응의 속도가 동일한 상태인 동적 평형(dynamic equilibrium)에 도달하기 때문이다. 이러한 평형상태에서 외부의 자극(농도, 압력, 부피, 온도 등의 변화)은 가역반응의 평형을 이동시킨다. 이러한 실험적 변화에 대해 1888년 Henri Louis Le Chartelier(그림 1)는 아래와 같이 설명했다.

외부의 자극이 동적 평형상태를 유지하고 있는 계에 가해지면, 평형은 자극을 상쇄하는 방향으로 이동한다*(If an external stress is applied to a state of dynamic equilibrium, the equilibrium shifts in the direction that minimizes the effect of that stress).*

그림 1. Henri Louis Le Chartelier

본 실험에서는 산-염기 평형 및 착이온-용해도 평형과 관련된 화학반응들에서 위에 언급된 르 샤틀리에 원리를 적용하고 이해하는 것이 목표이다.

아래에 주어진 반응식들을 토대로 각각의 실험(A : (1)~(2), B:(3)~(8), C : (9)~(10), D : (11))에서 나타나는 화학반응의 평형을 설명해보자.

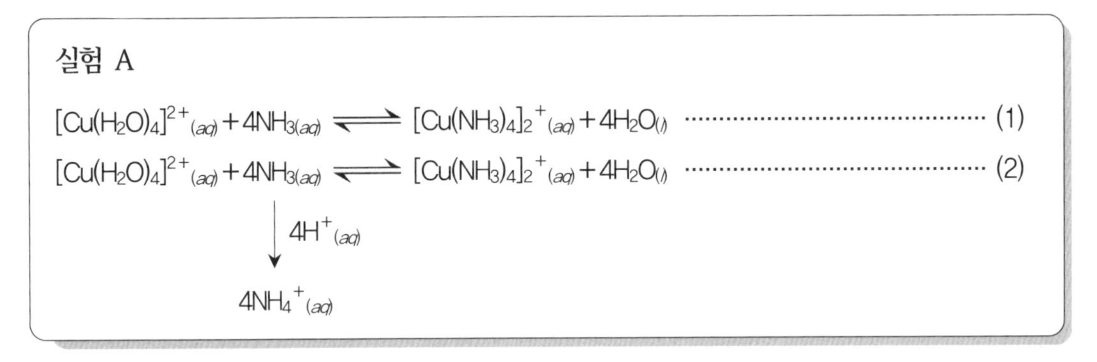

실험 B

$Ag_2CO_{3(s)} \rightleftharpoons 2Ag^{+}{}_{(aq)} + CO_3{}^{2-}{}_{(aq)}$ ············ (3)

$Ag_2CO_{3(s)} \rightleftharpoons 2Ag^{+}{}_{(aq)} + CO_3{}^{2-}{}_{(aq)}$ ············ (4)

$\downarrow\uparrow\ 2H^{+}{}_{(aq)}$

$H_2CO_{3(aq)} \longrightarrow H_2O_{(l)} + CO_{2(g)}$ ············ (5)

$Ag^{+}{}_{(aq)} + Cl^{-}{}_{(aq)} \rightleftharpoons AgCl_{(s)}$ ············ (6)

$AgCl_{(s)} + 2NH_{3(aq)} \rightleftharpoons [Ag(NH_3)_2]^{+}{}_{(aq)} + Cl^{-}{}_{(aq)}$ ············ (7)

$[Ag(NH_3)_2]^{+}{}_{(aq)} + Cl^{-}{}_{(aq)} \overset{2H^{+}{}_{(aq)}}{\rightleftharpoons} AgCl_{(s)} + 2NH_4{}^{+}{}_{(aq)}$ ············ (8)

실험 C

$$CH_3COOH_{(aq)} + H_2O_{(l)} \rightleftharpoons H_3O^+{}_{(aq)} + CH_3CO_2^-{}_{(aq)} \quad \cdots\cdots (9)$$

$$CH_3COOH_{(aq)} + H_2O_{(l)} \rightleftharpoons H_3O^+{}_{(aq)} + CH_3CO_2^-{}_{(aq)} \quad \cdots\cdots (10)$$

$$H_3O^+{}_{(aq)} \xrightarrow{OH^-{}_{(aq)}} 2H_2O_{(l)}$$

실험 D

$$4Cl^-{}_{(aq)} + [CO(H_2O)_6]_2{}^+{}_{(aq)} \rightleftharpoons [CoCl_4]_2{}^-{}_{(aq)} + 6H_2O_{(l)} \quad \cdots\cdots (11)$$

실험 도구 및 시약

$CuSO_{4(aq)}$ (0.1 M in H_2O), 진한 $NH_{3(aq)}$ or NH_4OH(28%, aqueous ammonia solution), $HCl_{(aq)}$ (1 M in H_2O), $HCl_{(aq)}$ (0.1 M in H_2O), $AgNO_{3(aq)}$ (0.01 M in H_2O), $Na_2CO_{3(aq)}$ (0.1 M in H_2O), $HNO_{3(aq)}$ (6 M in H_2O), $CH_3COOH_{(aq)}$ (0.1 M in H_2O), $CH_3COONa_{(aq)}$ (0.1 M in H_2O), $NaOH_{(aq)}$ (0.1 M in H_2O), $CoCl_{2(aq)}$ (1.0 M in H_2O), 진한 HCl, 시험관(test tube), 피펫(1 mL pipet), 일회용 피펫(disposable pipet), pH paper, 핀셋(forceps)

실험 과정

다수의 실험을 수행하고 그 결과를 관찰해야 하기 때문에, 실험 파트너와 함께 위 첨자로 표시된 ①~⑱ 실험과정에서 나타나는 변화를 면밀히 관찰하여 결과 및 토의 부분에 작성하도록 한다. 결과를 토대로 파트너와 함께 토의하여 용액들에서 나타난 변화를 르 샤틀리에 원리로 설명한다.

실험 A. 금속-암모니아 착이온(반응식 (1)~(2))

1. 금속－암모니아 착이온 형성

   깨끗한 시험관에 0.1 M $CuSO_{4(aq)}$ 용액 1 mL (< 20 drops)를 옮겨 담는다.① 진한 암모니아 수용액을 시험관 용액의 색이 변할 때까지 한 방울씩 넣는다(용액은 균일한 상태이어야 한다). 진한 암모니아의 냄새를 맡거나 흡입하지 않도록 주의한다.②

2. 평형이동

   1 M $HCl_{(aq)}$ 용액을 시험관의 용액이 색이 변할 때까지 한 방울씩 넣는다.③

실험 B. 다중 평형 반응과 은 이온(반응식 (3)~(8))

1. 탄산 은(silver carbonate, Ag_2CO_3)의 평형

   150 mm 시험관에 0.01 M $AgNO_{3(aq)}$ 용액 0.5 mL (< 10 drops)과 0.1 M $Na_2CO_{3(aq)}$ 용액 0.5 mL를 넣는다.④ 침전물이 사라질 때까지 6 M $HNO_{3(aq)}$ 용액을 한 방울씩 추가한다.⑤ (※6 M $HNO_{3(aq)}$ 용액은 강산성으로 피부에 접촉되지 않도록 주의한다.)

   Tip 실험 B-1 : Silver carbonate 평형 실험에서 $AgNO_{3(aq)}$ 용액과 $Na_2CO_{3(aq)}$ 용액을 혼합 시 생성된 $Ag_2CO_{3(aq)}$가 존재해야 용해도 평형에 의해 침전물이 생성된다. $Ag_2CO_{3(aq)}$가 생성되지 않아 실험에서 침전물을 관찰하기 힘들 경우, 10배 진한 저장 용액을 (0.1 M $AgNO_{3,\ (aq)}$, 1 M $Na_2CO_{3(aq)}$) 이용하여 실험을 하도록 한다.

2. 염화 은(silver chloride, AgCl)의 평형

   투명한 실험 B-1의 용액에 0.1 M $HCl_{(aq)}$ 용액 5방울을 떨어뜨린다.⑥ 시험관의 용액에 화

학변화가 나타날 때까지 진한 $NH_{3(aq)}$ 용액을 한 방울씩 넣는다.⑦ (※ $HCl_{(aq)}$ 용액과 $NH_{3(aq)}$ 용액의 증기를 흡입하지 않도록 주의한다.) 용액을 산성 상태로 만들기 위해 6 M $HNO_{3(aq)}$ 용액을 한 방울씩 떨어뜨리며 변화를 관찰한다.⑧ 과량의 진한 $NH_{3(aq)}$ 용액을 시험관에 넣어 변화를 관찰한다.⑨

실험 C. 완충 용액에서의 평형(반응식 (9)-(10))

1. 완충 용액과 비완충 용액(증류수) 준비

두 시험관에 (A1과 A2) 0.1 M $CH_3COOH_{(aq)}$ 용액 10방울을 각각 넣은 후 pH paper로 pH를 측정한다.⑩ 0.1 M $CH_3COONa_{(aq)}$ 용액 10방울을 각각 A1, A2 시험관에 넣은 후 두 시험관 용액의 pH를 측정한다.⑪ 20방울 증류수를 시험관 B1, B2에 각각 옮긴 후 B1, B2에 들어 있는 증류수의 pH를 측정한다.⑫

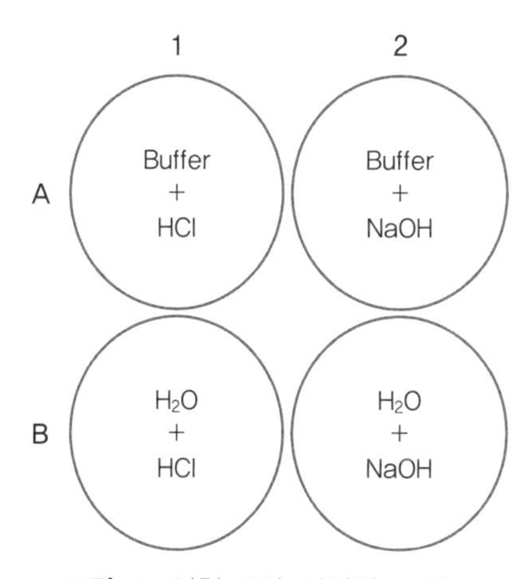

그림 1. 실험 C의 시험관 모식도

2. 완충 용액과 비완충 용액에 강산이 미치는 영향

5~6방울의 0.1 M $HCl_{(aq)}$ 용액을 A1와 B1 시험관에 각각 추가한다. 각각 시험관의 용액의 pH를 추정해보며, pH를 pH paper를 이용하여 측정한다.⑬

3. 완충 용액과 비완충 용액에 강염기가 미치는 영향

5~6방울의 0.1 M $NaOH_{(aq)}$ 용액을 A2와 B2 시험관에 각각 추가한다. 각각 시험관 용액의

pH를 추정해보며, pH를 pH paper를 이용하여 측정한다.⑭ 강산 강염기의 첨가에 따른 완충 용액과 비완충 용액에서 나타난 pH의 변화를 토의해본다.⑮

실험 D. 공통이온 효과($[Co(H_2O)_6]^{2+}$, $[CoCl_4]^{2-}$ equilibrium) (반응식 (11))

• 진한 HCl 용액의 영향

10방울의 1.0 M $CoCl_{2(aq)}$ 용액을 시험관에 옮긴다.⑯ 진한 $HCl_{(aq)}$ 용액을 색 변화가 나타날 때까지 한 방울씩 추가한다.⑰ 증류수를 천천히 시험관에 추가하며 용액의 변화를 관찰한다. (증류수를 추가할 때 조심스럽게 시험관을 흔들어주어 용액에 증류수가 균일하게 혼합되도록 한다.)⑱

결과 및 토의

실험 A. 금속-암모니아 이온

1. 각각의 실험과정에서 나타난 색 변화를 작성한다.

	$CuSO_{4(aq)}$	$[Cu(NH_3)_4]^{2+}$	HCl addition
Color	① ____________	② ____________	③ ____________

2. 암모니아 용액과 염산 용액이 $CuSO_{4(aq)}$ 용액에 미치는 영향을 Le Chatelier's principle을 토대로 설명해본다.

실험 B. 다중 평형 반응과 은 이온

1. 실험 B의 ④에서 화학 평형에 참가하는 이온들의 알짜 이온반응식을 나타내본다.

2. ⑤에서 $HNO_{3(aq)}$ 용액의 첨가에 따른 화학변화를 서술하도록 한다.

3. ⑥에서 $HCl_{(aq)}$ 용액의 첨가에 따라 나타난 변화를 서술하고, 해당 변화에 참여하는 이온들의 알짜 이온반응식을 기술한다.

4. ⑦에서 진한 $NH_{3(aq)}$ 용액의 영향을 설명해본다.

5. ⑧에서 용액의 산성상태를 만들기 위해 추가한 $HNO_{3(aq)}$가 용액에 어떤 변화를 일으켰는가?

6. ⑨에서 넣어준 과량의 $NH_{3(aq)}$의 영향과 변화를 설명해본다.

실험 C. 완충 용액에서의 평형

1. ⑩에서의 $CH_3COOH_{(aq)}$의 브렌스테드-로우리 산-염기 반응식을 기술한다.

2. ⑪에서 CH_3COONa를 추가한 후

   pH paper 색 : ______________ pH: ______________

3. ⑫에서 증류수의

   pH paper 색 : ______________ pH: ______________

4. 다음의 표를 작성하도록 한다.

	완충 용액		증류수	
	Test tube A1	Test tube A2	Test tube B1	Test tube B2
⑬에서 0.1 M HCl(aq) 용액을 넣은 후 pH paper 색				
Approximate pH				
Approximate ΔpH				
⑭에서 0.1 M NaOH(aq) 용액을 넣은 후 pH paper 색				
Approximate pH				
Approximate ΔpH				

5. 완충 용액(A1과 A2)과 비완충 용액(B1과 B2)에서 강산과 강염기의 첨가로 인해 나타난 화학 평형의 변화를 비교하시오.

실험 D. 공통이온 효과($[Co(H_2O)_6]^{2+}$, $[CoCl_4]^{2-}$ equilibrium)

1. ⑯에서 나타난 $CoCl_{2(aq)}$ 용액의 색을 기술하시오.

2. ⑰에서 진한 $HCl_{(aq)}$ 용액을 첨가함에 따라 나타난 변화와 해당 화학 평형이동을 알짜 이온반응식을 이용하여 서술하시오.

3. ⑱에서 증류수를 첨가함에 따라 나타난 용액의 변화를 기술하시오.

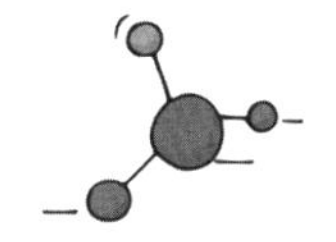

엔탈피(enthalpy) 측정

14

엔탈피(enthalpy) 측정

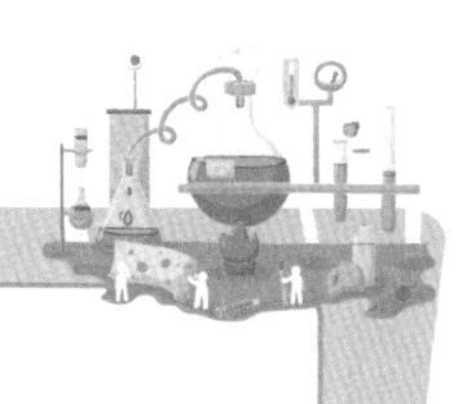

목표

산-염기 중화반응과 산화 마그네슘 반응의 엔탈피를 측정하고 이를 헤스의 법칙(Hess's law)을 이용하여 화학반응의 엔탈피 변화를 이해한다.

이론적 배경

자연의 법칙 중 열역학 법칙은 경험법칙으로 화학반응에서 자발적 반응과 비자발적 반응을 예측 가능하게 한다. 화학반응에서 분자의 원자 간 결합이 끊어지거나 새로운 결합이 생길 때 열의 출입이 수반된다. 이때 열에너지 출입의 차이에 따라 흡열반응과 발열반응으로 구분된다.

화학반응의 경우 대부분 대기압하의 일정 압력에서 일어난다. 일정 압력하에서 일어나는 열 출입의 양을 엔탈피(enthalpy)라고 한다. 이러한 열을 열량계를 이용하여 측정할 수 있다. 비열용량 C(J/(g·K))는 1 g의 물질의 온도를 1도 올리기 위해 필요한 열량을 의미한다. 비열용량이 C인 물질 m 그램의 온도가 ΔT(°C)만큼 변했을 때, 열의 양은 아래의 식을 이용하여 구할 수 있다.

$$Q = C \times m \times \Delta T \qquad (1)$$

엔탈피는 상태함수(state function)이다. 이 때문에 반응물과 생성물이 같을 경우 화학반응의 경로에 상관없이 모든 경로의 엔탈피 합은 동일하다. 이러한 현상을 헤스의 법칙(Hess's Law)이라고 한다. 화학자 헤스는 수많은 화학반응의 반응열을 측정하여 경험적으로 이와 같은 헤스의 법칙을 찾아냈다. 헤스의 법칙을 이용하면 반응열을 측정할 수 없는 반응의 엔탈피를 계산적으로 구할 수 있다. 예를 들어 이산화탄소의 생성열은 탄소를 충분한 산소와 함께 연소시켜 방출되는 열량(ΔH_f, $_{CO_2}$)을 측정하여 쉽게 구할 수 있다.

$$C_{(s)} + O_{2(g)} \rightarrow CO_{2(g)} \quad \Delta H_{f,CO_2} = -393.5 \text{ kJ/mol}$$

일산화탄소(CO)의 생성열은 탄소를 산소와 함께 불완전연소를 시켜야 하지만, 이러한 불완전연소 반응의 반응열의 경우 실험적으로 측정하기 매우 어렵다. 그렇기 때문에 일산화탄소를 산소와 연소시켜 이산화탄소를 만드는 반응의 반응열(ΔH_{CO_2})을 구하고 헤스의 법칙을 이용하여 일산화탄소의 반응열을 구할 수 있다.($\Delta H_{f,CO} = \Delta H_{f,CO_2} + (-\Delta H_{CO_2})$)

$$C_{(s)} + 1/2\ O_{2(g)} \rightarrow CO_{(g)} \qquad \Delta H_{f,CO} = ?$$

$$CO_{(g)} + 1/2O_{2(g)} \rightarrow CO_{2(g)} \qquad \Delta H_{CO_2} = -283.0 \text{ kJ/mol}$$

이번 실험에서 다음 화학반응들의 열량을 측정해보며 중화열과 생성열을 헤스의 법칙을 이용하여 구해보고자 한다.

- 산-염기 중화열 측정하기 (**실험 B**)

  $NaOH_{(s)} + H^+_{(aq)} + Cl^-_{(aq)} \rightarrow H_2O_{(l)} + Na^+_{(aq)} + Cl^-_{(aq)}$ ······························ ΔH_{total}

  위의 반응식은 아래 두 개의 반응들로 나누어질 수 있다.

  $NaOH_{(s)} \rightarrow Na^+_{(aq)} + OH^-_{(aq)}$ ·· ΔH_1

  $Na^+_{(aq)} + OH^-_{(aq)} + H^+_{(aq)} + Cl^-_{(aq)} \rightarrow H_2O_{(l)} + Na^+_{(aq)} + Cl^-_{(aq)}$ ······················ ΔH_2

  $\Delta H_{total} = \Delta H_1 + \Delta H_2$

- MgO 생성열 측정하기 (**실험 C**)

  $Mg_{(s)} + 1/2O_{2(g)} \rightarrow MgO_{(s)}$ ·· ΔH_f^0

$MgO_{(s)} + 2H^+_{(aq)} \rightarrow Mg^{2+}_{(aq)} + H_2O_{(l)}$ ································ ΔH_1^0

$Mg_{(s)} + 2H^+_{(aq)} \rightarrow Mg^{2+}_{(aq)} + H_{2(g)}$ ································ ΔH_2^0

$H_{2(g)} + 1/2O_{2(g)} \rightarrow H_2O_{(l)}$ ································ ΔH_3^0

실험 도구 및 시약

온도계(thermometer), 자석교반기(magnetic stirrer), 메스실린더(Mass cylinder, 100 mL 4개), 스티로폼 박스, 코르크, 삼각플라스크(Erlenmeyer flask, 100 mL, 4개), 교반자석, 탈지면, $HCl_{(aq)}$(1 M in H_2O), $NaOH_{(aq)}$(1 M in H_2O), $MgO_{(s)}$

실험 과정

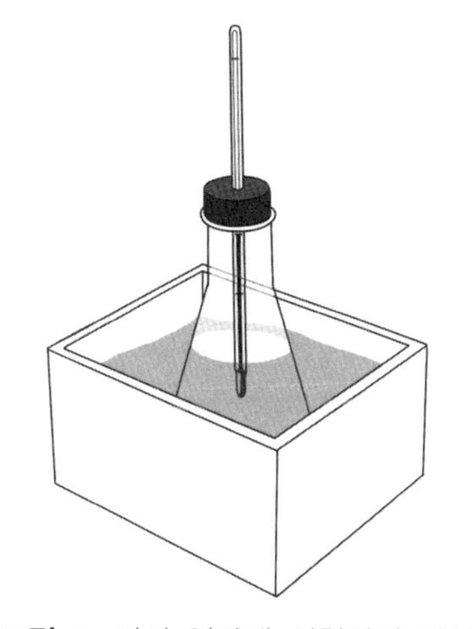

그림 1. 간이 열량계 실험장치 예시

실험 A. 열량계 준비

1. 스티로폼 박스에 100 mL 플라스크를 넣은 후 빈 공간을 탈지면으로 채워준다. (그림 1 참고)
2. 온도계를 꽂기 위해 플라스크 입구에 맞는 구멍이 있는 코르크를 끼운다.
3. 준비된 열량계의 무게를 측정한다.

실험 B 1. $NaOH_{(s)}+H^{+}_{(aq)}+Cl^{-}_{(aq)} \rightarrow H_2O_{(l)}+Na^{+}_{(aq)}+Cl^{-}_{(aq)}$ ············· ΔH_{total} 측정

1. 0.5 M HCl 용액 100 mL를 열량계 안의 플라스크에 옮겨 담는다.
2. 플라스크 입구의 코르크에 온도계를 꽂은 후 온도를 측정한다.
3. 2.00 g의 NaOH를 플라스크에 넣은 후 자석교반기를 이용하여 용액을 섞어준다. 이때 가장 높은 온도를 기록해둔다.
4. 열량계의 무게를 측정한다.

실험 B 2. $NaOH_{(s)} \rightarrow Na^{+}_{(aq)}+OH^{-}_{(aq)}$ ·· ΔH_1 측정

1. 열량계의 플라스크를 사용하지 않은 100 mL 플라스크로 교체한 후 무게를 측정하고 기록한다.
2. 증류수 100 mL를 열량계 안의 플라스크에 옮겨 담은 후 온도를 측정한다.
3. 2.00 g의 NaOH를 넣은 후 자석교반기를 이용하여 용액을 섞어준다. 이때 가장 높은 온도를 기록해둔다.
4. 열량계의 무게를 측정한다.

실험 B 3. $Na^{+}_{(aq)}+OH^{-}_{(aq)}+H^{+}_{(aq)}+Cl^{-}_{(aq)} \rightarrow H_2O_{(l)}+Na^{+}_{(aq)}+Cl^{-}_{(aq)}$ ······ ΔH_2 측정

1. 열량계의 플라스크를 사용하지 않은 100 mL 플라스크로 교체한 후 무게를 측정하고 기록한다.
2. 1 M $HCl_{(aq)}$ 용액 50 mL를 열량계 안의 플라스크에 옮겨 담는다.
3. 1 M $NaOH_{(aq)}$ 용액을 준비한 후 플라스크 안의 1 M HCl 용액과 온도가 동일해질 때까지 기다린다. 이때의 온도를 기록한다.
4. 두 용액의 온도가 동일해지면, 1 M $NaOH_{(aq)}$ 용액 50 mL를 플라스크에 옮겨 담은 후 자석교반기를 이용하여 용액을 섞어준다. 이때 가장 높은 온도를 기록해둔다.
5. 열량계의 무게를 측정한다.

실험 C 1. $MgO_{(s)} + 2H^+_{(aq)} \rightarrow Mg^{2+}_{(aq)} + H_2O_{(l)}$ ······································ ΔH_1^0 측정

1. 열량계의 플라스크를 사용하지 않은 100 mL 플라스크로 교체한 후 무게를 측정하고 기록한다.
2. 1 M HCl $_{(aq)}$ 용액 100 mL를 열량계의 플라스크에 옮겨 담은 후 온도를 기록한다.
3. 1.00 g의 MgO을 플라스크에 넣은 후 자석교반기를 이용하여 용액을 섞어준다. 이때 가장 높은 온도를 기록해둔다.
4. 열량계의 무게를 측정한다.

실험 C 2. $Mg_{(s)} + 2H^+_{(aq)} \rightarrow Mg^{2+}_{(aq)} + H_2(g)$ ······································ ΔH_2^0 계산

1. 실험 C 1의 결과를 토대로 실험 C 2 화학반응의 엔탈피($\Delta \mathbf{H_2^0}$)를 계산해본다.

결과 및 토의

1. 실험 B 1~3에서의 결과를 토대로 각각 반응의 엔탈피를 구해본다.
   (Hint : $\Delta H_{total} = -m_{solution} \times \Delta T \times 4.18\ J/(g \cdot K)$ ($m_{solution}$: mass of a solution, ΔT : temperature changes))

2. 실험 B 1~3에서 측정된 엔탈피가 헤스의 법칙(Hess's law)을 따르는지 토의해본다.

3. 실험 C2의 ΔH_2^0를 예상해보고 그 이유를 설명해본다.

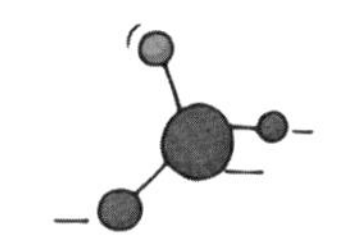

산 – 염기 적정(Acid–base titration)
: 표준용액 및 제산제 분석

15

산-염기 적정(Acid-base titration) : 표준용액 및 제산제 분석

목표

✓ 산-염기 적정에 사용할 NaOH 용액과 HCl 용액을 표준화하여 표준 산-염기 용액을 만들 수 있다.
✓ 산-염기 적정을 이용하여 제산제의 약염기의 양을 분석할 수 있다.

이론적 배경

우리 주변에서 산과 염기 물질들을 쉽게 찾아볼 수 있다. 식초는 약산인 아세트산(CH_3COOH)을 함유하여 신맛을 낸다. 또한 위산이 과하게 분비되었을 때 먹는 약제인 제산제에는 약염기인 수산화 마그네슘 등 수산화금속 염들이 함유되어 있다. 산과 염기는 다양한 정의를 통해 분류할 수 있다. 브렌스테드-로우리 산-염기 이론에 따라 산은 수소이온을 만들어내는 물질이고, 염기는 수소이온을 받아들이는 물질이다. 식초의 아세트산뿐 아니라 황산(H_2SO_4), 인산(H_3PO_4), 염산(HCl) 등 다양한 산이 있다. 주기율표의 알칼리 금속과 알칼리 토금속의 수산화물들의 경우 염기에 해당하며, 이외에도 아미노기($-NH_2$)를 가진 아민류 또한 대표적인 염기이다.

산은 수소이온을 내보내고, 염기는 수소이온을 받아들이기 때문에 산과 염기를 섞으면 물과 염이 형성된다. 이러한 현상을 중화반응이라 한다. 산과 염기 중화반응은 매우 빠른 시간에 당량으로 일어나는 화학반응이기 때문에 중화반응을 이용하여, 미지의 산이나 염기의 농도를 산-염기 적정(acid-base titration)을 통해 알아낼 수 있다. 산-염기 적정에서는 당량점 근처에서 pH 변화가 크게 나타나기 때문에 pH 차이에 따라 색이 변하는 지시약을 사용하여 당량점을 알아낸다. 지시약 또한 자체적으로 산성이나 염기성을 가지고 있기 때문에, 과량을 사용하게 될 경우 산-염기 적정에 오차를 만든다. 적정에 사용하는 산-염기의 종류에 따라 당량점의 pH 변화 폭 범위가 달라진다. 이에 알맞은 pH 지시 범위를 가지고 있는 지시약을 선정하여 사용해야 한다.

적정 과정에서 미지의 산이나 염기의 농도를 알아내기 위해서는 농도를 정확히 알고 있는 표준용액이 필요하다. 농도를 정확하게 알아내기 위해 1차 표준용액(primary standard solution)을 이용하여 2차 표준용액의 농도를 결정한다. 수산화소듐(NaOH)의 경우 공기 중의 수분을 흡수하는 성질 때문에 농도가 정확한 표준용액을 만들기 어렵다. 그러므로 KHP(potassium hydrogen phthalate)를 이용하여 만든 1차 표준용액을 사용하여 수산화소듐 용액을 적정하고 표준화 과정을 거쳐 2차 표준용액의 농도를 결정한다.

강산-강염기 적정에서는 당량점을 쉽게 구할 수 있지만, 약염기-강산의 적정의 경우 당량점의 pH 변화 폭이 좁기 때문에 적정하기 어렵다. 또한 제산제 혹은 아스피린 등의 약제에 함유된 약염기나 약산의 경우, 약제 자체의 용해도가 좋지 않아 물에 잘 녹지 않는다. 물에 잘 녹지 않을 경우 중화반응이 신속하게 이루어지기 어렵기 때문에 강산이나 강염기를 과량 넣은 후 남아 있는 산이나 염기를 다시 적정하여 역으로 녹아 있던 염기나 산의 농도를 알아낸다. 이러한 적정 방법을 역적정(back titration)이라고 한다.

본 실험에서는 제산제에 함유된 약염기 물질의 함유량을 알아내기 위해 역적정(back titration)을 사용한다. 적정에 사용하는 염산 용액과 수산화소듐 용액은 KHP 용액을 이용한 적정을 통해 표준화한다.

실험 도구 및 시약

$HCl_{(aq)}$(12 M in $H_2O_{(l)}$), NaOH(pellets), Phenolphthalein solution(1% by mass in ethanol), 제산제(Antacid), 삼각플라스크(Erlenmeyer flask, 100 mL), 뷰렛(buret), 부피플라스크(volumetric flask, 250 mL, 500 mL), 눈금피펫(graduated pipet, 10 mL)

실험 과정

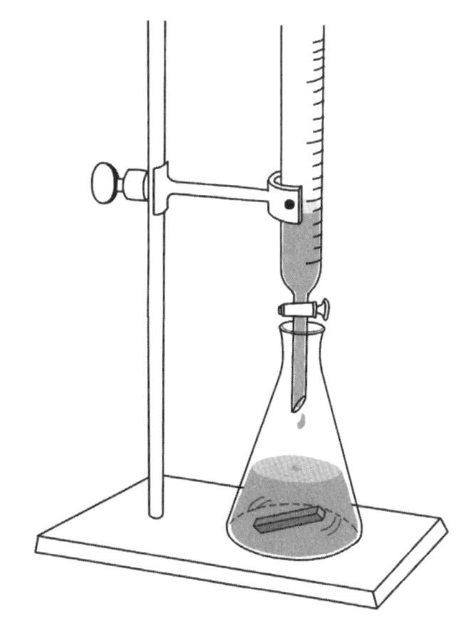

그림 1. 산-염기 적정 실험장치 예시

실험 A. NaOH 용액 표준화

산-염기 적정을 통해 미지시료의 농도를 분석하기 위해서는 적정시약(titrant, 뷰렛의 용액)의 농도가 정확해야 한다. 이를 위해서 potassium hydrogen phthalate(KHP, $KC_8H_4O_4H$)를 사용하여 NaOH 용액(대략 0.25 M)의 농도를 측정한다. 지시약은 페놀프탈레인을 사용한다.

1. 증류수 0.5 L를 가열하여 녹아 있는 이산화탄소를 제거한다.
2. 유리판으로 가열한 증류수의 입구를 막고 상온으로 식힌다.
3. 500 mL의 0.25 M NaOH를 준비한다.
4. 1.0 g의 KHP(분자량=204.23 g/mol)을 삼각플라스크에 옮겨 담은 후 50 mL 증류수를 넣는다. (이때 사용된 KHP의 무게와 증류수의 부피를 정확히 기록한다.)
5. 페놀프탈레인 용액 4방울을 4번에서 준비된 KHP 용액에 떨어트린 후, 뷰렛을 사용하여 NaOH를 한 방울씩 KHP 용액의 색이 분홍색으로 완전히 변할 때까지 첨가한다. 종말점까지 첨가된 NaOH 용액의 부피를 정확하게 기록한다.
6. 위의 과정을 3회 진행한다.

7. 각각의 적정에서 사용된 NaOH 용액의 농도와 평균값을 계산한다. (남은 NaOH 용액은 버리지 말고 보관한다.)

실험 B. HCl 용액 표준화

1. 500 mL의 1.0 M HCl 용액을 준비한다.
2. 1번에서 준비된 HCl 용액 10 mL를 삼각플라스크에 담은 후, 페놀프탈레인 용액을 4방울 떨어트린다. 뷰렛을 이용하여 실험 A에서 표준화된 NaOH 용액을 HCl 용액의 색 변화가 나타날 때까지 한 방울씩 떨어트린다. (그림 1 참고)
3. 2번 과정을 3회 실시하여, 각각의 적정에서 HCl 용액의 농도와 평균값을 계산한다.

실험 C. 역적정(back titration)을 이용한 마그네시아유(milk of Magnesia)의 수산화 마그네슘 정량분석

1. 제산제 1정을 분쇄하여 1 g을 소수점 첫째 자리까지 무게를 측정한다. 무게를 측정한 후 조심하여 삼각플라스크에 옮겨 담는다.
2. 두 개의 세척된 뷰렛에 표준화된 HCl 용액과 NaOH 용액을 옮겨 담는다.
3. 1과정의 삼각플라스크에 25 mL의 증류수를 넣어준다. 삼각플라스크에 뷰렛을 이용하여 HCl 용액을 삼각플라스크의 용액이 투명해질 때까지 첨가한 후 1~2 mL의 HCl 용액을 추가적으로 넣는다. 이때 사용된 HCl 용액의 부피를 기록한다. 자석교반기를 사용하여 제산제 용액을 교반시킨다. 이때 제산제 용액을 5분가량 가열하여 용액에 녹아 있는 이산화탄소를 제거한다. 용액을 완전히 식힌 후 페놀프탈레인 용액을 10방울 넣어준다.
4. 제산제 용액에 첨가된 과량의 HCl 용액을 NaOH 표준용액을 사용하여 적정한다.
5. 과정 1~4를 3회 반복한다. (결과 및 토의 3번에 기록한다.)
6. 각각의 역적정(back titration)에서 제산제에 함유된 수산화 마그네슘의 양과 그 평균값을 구한다.
7. 제산제가 함유하고 있는 수산화 마그네슘의 함유량(% antacid)과 백분율 오차(% error)를 구한다.

$$\% \text{ antacid} = \frac{\text{g antacid by titration}}{\text{g tablet}} \times 100$$

$$\% \text{ error} = \frac{\text{g antacid by titration} - \text{g antacid by label}}{\text{g antacid by label}} \times 100$$

결과 및 토의

1. 표준 HCl 용액 농도 : __________ M

2. 표준 NaOH 용액 농도 : __________ M

3. 실험 C에서 아래의 표를 작성한다.

DATA			
회사: 제산제에 포함된 약염기: 성분 분석표상의 양:			
	Trial 1	Trial 2	Trial 3
빈 유산지(g)			
제산제+유산지(g)			
첨가한 HCl 용액 부피(mL)			
첨가한 NaOH 용액 부피(mL)			
RESULTS			
제산제의 무게(g)			
첨가한 HCl 용액의 몰수(mol)			
과량으로 첨가한 HCl 용액의 몰수(mol)			
중화된 HCl 용액의 몰수(mol)			
제산제 1정당 중화된 HCl 용액의 몰수(mol/g)			
제산제 1정에 함유된 약염기 화합물 몰수(mol)			
제산제 1정에 함유된 약염기 화합물 질량(g)			
% 약염기 in 제산제 1정			
% Error (성분 분석표에 표기된 제산제의 양과 비교)			

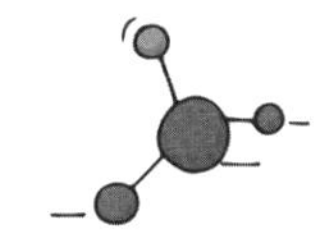

갈바니 전지
(Galvanic cell)

16

갈바니 전지(Galvanic cell)

목표

- ✓ 산화－환원 반응의 환원전위를 측정한다.
- ✓ 갈바니 전지(galvanic cell)에서 전자와 이온의 이동을 이해한다.
- ✓ 전지의 전위에 영향을 끼치는 요소를 파악한다.
- ✓ 네른스트 식(Nernst equation)을 이용하여 용액의 농도를 결정한다.

이론적 배경

원자 내의 전자는 원자핵을 중심으로 구름처럼 확률 분포를 가지고 퍼져 있다. 이러한 원자 내 전자들이 화학결합을 하여 분자가 되는데, 원자와 분자의 종류에 따라 전자가 쉽게 떨어져 나가기도 하고 외부로부터 전자를 얻기도 한다. 전자를 잃어버리면 물질이 산화되었다고 하고, 전자를 얻게 되면 물질이 환원되었다고 한다. 식물이 광합성을 통해 이산화탄소로부터 포도당을 만드는 반응은 대표적인 탄소의 환원 반응이며, 호흡과정에서 포도당을 사용하여 에너지원 adenosine triphosphate(ATP)을 만드는 반응은 탄소의 산화 반응이다.

산화－환원을 이용하면 원소의 전기음성도 차이에서 비롯한 화학적 에너지를 전기 에너지로 바꾸는 화학전지를 만들 수 있다. 전기음성도 혹은 전자친화도가 다른 화학종들을 연결하면, 자발적으로 외부회로(external circuit)를 통해 전자를 이동시킬 수 있다. 화학 교과서의 표준환원전위표에는 다양한 금속들의 표준환원전위가 제공되어 있고, 이를 통해 금속들의 전기화학적 서열을 알 수 있다.

갈바니 전지(galvanic cell)는 화학전지의 한 종류로 그림 1과 같은 구조이다. 두 개의 비커에 각각 전해질(electrolyte)이 있고, 각각 산화되거나 환원되는 금속전극(metal electrode)이 꽂혀 있다.

두 금속전극은 외부 회로 및 전압계(멀티미터)와 연결되어 있다. 각각의 전극에서 산화－환원 반응이 일어남에 따라 비커의 전해질에 녹아 있는 이온의 전하균형을 맞추기 위해 염다리(salt bridge)가 설치되어 있다. 염다리는 U자형의 유리관에 KCl과 같은 염이 섞인 젤로 채워져 있어서, 전해질 사이 이온들이 이동할 수 있는 통로를 제공한다.

갈바니 전지의 반쪽 전지(half-cell)인 두 비커에서 각각 산화－환원 반응이 일어난다. 산화 반응이 일어나는 비커의 전극을 산화전극(anode), 환원 반응이 일어나는 전극을 환원전극(cathode)이라 한다. 그림 1에서 갈바니 전지의 산화전극은 구리전극(반응식 (2))이고, 환원전극으로 은 전극(반응식 (3))을 사용한다. 한 전극의 전위를 절대적으로 측정할 수 없기 때문에, 표준수소전극을 기준전극(reference electrode)으로 이용하여 전극의 표준환원전위를 측정할 수 있다. 표준수소전극은 25 ℃에서 1기압의 수소기체 압력하에 수소이온의 농도가 1.0 M인 수용액 속에 백금의 전극이 설치되어 있다. 이러한 표준수소전극에 연결된 전극에서 측정되는 전위차를 표준환원전위(E^o)라고 한다.

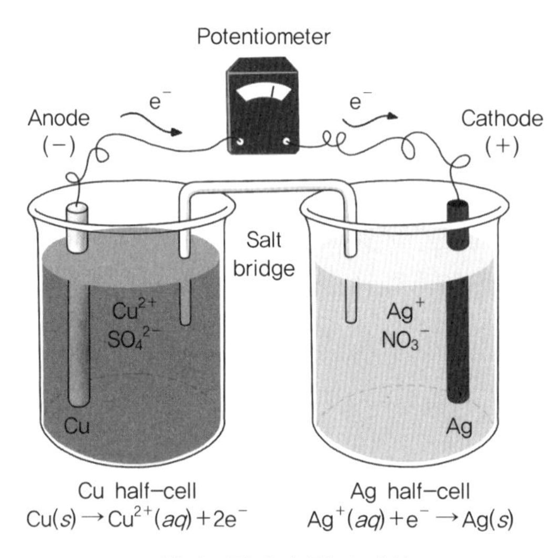

그림 1. 갈바니 전지 예시

$$Cu_{(s)} + 2Ag^{+}_{(aq)} \rightarrow 2Ag_{(s)} + Cu^{2+}_{(aq)} \quad \cdots\cdots (1)$$

$$Cu_{(s)} \rightarrow Cu^{2+}_{(aq)} + 2e^{-} \quad \text{oxidation half-reaction} \quad \cdots\cdots (2)$$

$$2Ag^{+}_{(aq)} + 2e^{-} \rightarrow 2Ag_{(s)} \quad \text{reduction half-reaction} \quad \cdots\cdots (3)$$

표준상태의 갈바니 전지의 전위는 각 전극의 표준환원전위를 이용하여 다음 식에서 구할 수 있다.

$$E^{\circ}_{cell} = E^{\circ}_{cathod} - E^{\circ}_{anode} \quad \cdots\cdots (4)$$

$$E_{cell} = E(Ag^{+},Ag) - E(Cu^{2+},Cu) = +0.80\ V - (+0.34\ V) = +0.46\ V \quad \cdots\cdots (5)$$

갈바니 전지의 전위는 전해질의 농도에 따라 달라진다. 표준상태가 아닌 전해질의 농도는 전지의 산화－환원 반응에 참여하는 전자 몰수 n과 표준상태의 전지 전위 E°_{cell}를 이용하여 네른스트 식(Nernst equation)을 통해 구할 수 있다. 네른스트 식을 이용하여 반응지수 Q를 구한 후 한쪽 전해질의 농도를 알고 있을 경우 다른 전해질의 미지의 농도를 구할 수 있다.

$$E_{cell} = E^{\circ}_{cell} - \frac{0.0592}{n}\log Q \quad \cdots\cdots (6)$$

$$Q = [Cu^{2+}]/[Ag^{+}]^{2} \quad \cdots\cdots (7)$$

실험 도구 및 시약

멀티미터(multimeter), 사포, 금속판($Cu_{(s)}$, $Zn_{(s)}$, $Fe_{(s)}$, $Pb_{(s)}$), $CuSO_{4(aq)}$(1.0 M in H_2O), $ZnSO_{4(aq)}$(1.0 M in H_2O), $PbNO_{3(aq)}$(1.0 M in H_2O), $FeSO_{4(aq)}$(1.0 M in H_2O), $KNO_{3(aq)}$(1.0 M in H_2O), 전선, 클립 전선(alligator chips), 비커(beaker, 50 mL), 부피 플라스크(volumetric flask, 100 mL), 증류수, 거름종이(염다리용)

실험 과정

실험 A. 산화-환원 반응의 환원전위 측정하기

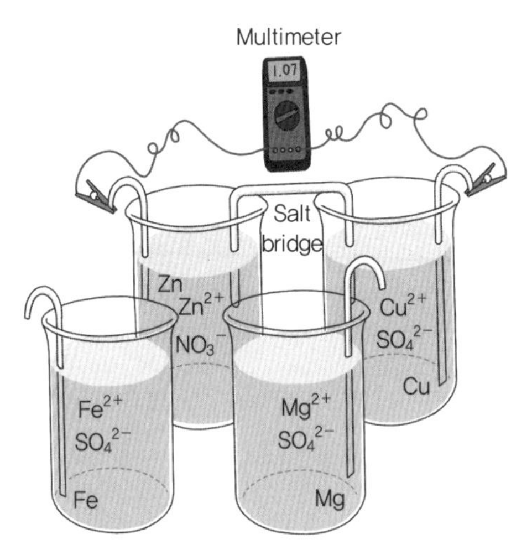

그림 2. 실험 A 갈바니 전지 실험 예시

1. **전극, 용액 및 실험장치 준비하기.** 4개의 100 mL 비커에 1.0 M 농도의 전해질 용액 40 mL를 넣는다. 구리, 아연 마그네슘, 철 금속판을 사포로 연마한 후, 0.1 M으로 희석된 $HNO_{3(aq)}$ 용액(산성용액이므로 사용 시 주의할 것)으로 금속판을 닦는다. 증류수로 금속판들을 한 번 더 닦는다. 금속판들은 전극으로 사용할 것이므로 금속판의 끝 모서리를 휘어서 비커에 걸칠 수 있게 한다. 전압계 혹은 멀티미터를 사용하여 금속판의 전압을 확인한다.
2. **구리/아연 전극 준비하기.** 구리 금속판을 1.0 M $CuSO_{4(aq)}$ 용액이 담긴 비커에 꽂고, 아연 금속판을 1.0 M $ZnSO_{4(aq)}$ 용액이 담긴 비커에 담근다. 두 개의 전극을 멀티미터에 연결하여 전압과 전류를 측정한다. (이때 전압과 전류가 측정이 되지 않아야 하며, 그 이유를 결과지에 서술한다.)
3. 둥글게 만 거름지(filter papaer)를 0.1 M $KNO_{3(aq)}$ 용액에 적신 후, $CuSO_{4(aq)}$ 용액이 담긴 비커와 $ZnSO_4$ 용액이 담긴 비커에 거름지의 양 끝부분을 넣어주어 염다리를 만들어준다. 멀티미터의 전류를 2000 mV로 조절한다. 멀티미터의 음극 부분, 양극 부분과 각각 금속판을 전선으로 연결해준다.

4. **구리/아연 전지 전위 구하기.** 멀티미터가 측정하는 전압이 음수이면, 금속전극들과 연결된 전선을 서로 바꿔 연결한다. 멀티미터에 표시된 양수의 전압을 기록한다. 구리/아연 전지의 환원전극과 산화전극을 알아본다. 각각의 전극에 대하여 반쪽반응식을 세운 후, 전체 전지에서 일어나는 산화－환원 반응의 반응식을 구한다.
5. 구리 금속이 담겨 있는 비커에 40 mL 증류수를 넣어 $CuSO_{4(aq)}$ 전해질 용액을 희석한다. 염다리를 새것으로 교체한 후, 멀티미터를 이용하여 전압과 전류를 측정한다.
6. 아연 금속이 담겨 있는 비커에 40 mL 증류수를 넣어 $ZnSO_{4(aq)}$ 전해질 용액을 희석한다. 염다리를 새것으로 교체한 후, 멀티미터를 이용하여 전압과 전류를 측정한다.
7. **다양한 갈바니 전지의 전위 구하기.** $Cu_{(s)}/CuSO_{4(aq)}$ 반쪽전지와 $Pb_{(s)}/ PbSO_{4(aq)}$ 반쪽전지로 구성된 전극과 정해질 쌍으로 구성된 갈바니 전지의 전압과 전류를 위의 1～5 과정에 따라 측정한다. $Cu_{(s)}/CuSO_{4(aq)}$ 반쪽전지와 $Fe_{(s)}/FeSO_{4(aq)}$ 반쪽전지로 구성된 전지의 전압을 위의 1～5 과정에 따라 측정한다. (갈바니 전극을 구성할 때마다 새 염다리를 사용해야 한다.)

결과 및 토의

실험 A. 산화-환원 반응의 환원전위 측정하기

1. 아래의 결과지에 실험 A에서 측정한 갈바니 전지들의 전위를 기록한다.

표 1. 측정된 전압 결과지

전해질 농도	측정된 전위(V)
1.0 M $CuSO_{4(aq)}$ + 1.0 M $ZnSO_{4(aq)}$	._______ V
0.1 M $CuSO_{4(aq)}$ + 1.0 M $ZnSO_{4(aq)}$	._______ V
0.1 M $CuSO_{4(aq)}$ + 0.1 M $ZnSO_{4(aq)}$	._______ V
1.0 M $CuSO_{4(aq)}$ + 1.0 M $PbSO_{4(aq)}$	._______ V
0.1 M $CuSO_{4(aq)}$ + 1.0 M $PbSO_{4(aq)}$	._______ V
0.1 M $CuSO_{4(aq)}$ + 0.1 M $PbSO_{4(aq)}$	._______ V
1.0 M $CuSO_{4(aq)}$ + 1.0 M $FeSO_{4(aq)}$	._______ V
0.1 M $CuSO_{4(aq)}$ + 1.0 M $FeSO_{4(aq)}$	._______ V
0.1 M $CuSO_{4(aq)}$ + 0.1 M $FeSO_{4(aq)}$	._______ V

2. 아래의 표에 이론적 표준전위를 네른스트 식을 이용하여 계산한다.

표 2. 이론적 표준전위 계산 표

전해질 농도	풀이	이론적 전위(V)
1.0 M $CuSO_{4(aq)}$ + 1.0 M $ZnSO_{4(aq)}$		
0.1 M $CuSO_{4(aq)}$ + 1.0 M $ZnSO_{4(aq)}$		
0.1 M $CuSO_{4(aq)}$ + 0.1 M $ZnSO_{4(aq)}$		
1.0 M $CuSO_{4(aq)}$ + 1.0 M $PbSO_{4(aq)}$		
0.1 M $CuSO_{4(aq)}$ + 1.0 M $PbSO_{4(aq)}$		
0.1 M $CuSO_{4(aq)}$ + 0.1 M $PbSO_{4(aq)}$		
1.0 M $CuSO_{4(aq)}$ + 1.0 M $FeSO_{4(aq)}$		
0.1 M $CuSO_{4(aq)}$ + 1.0 M $FeSO_{4(aq)}$		
0.1 M $CuSO_{4(aq)}$ + 0.1 M $FeSO_{4(aq)}$		

3. 1번과 2번에서 실험에서 측정한 전위와 이론적 전위의 차이를 설명하시오.

4. Cu-Zn, Cu-Fe, Cu-Pb 갈바니 전지의 균형 방정식을 구한다.

5. Cu-Zn 갈바니 전지의 산화전극은 무엇인가?

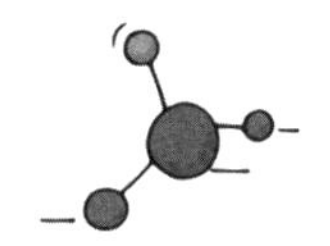

시계 반응
(Clock reaction)

17 시계 반응(Clock reaction)

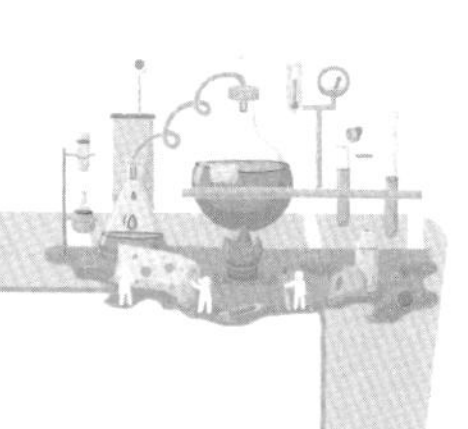

목표

✓ 비타민 C의 시계 반응에서 아이오딘(iodine)이 생성되는 시간을 측정한다.
✓ 반응물의 농도가 반응속도에 미치는 영향을 탐구한다.
✓ 시계 반응 실험 결과를 그래프로 나타내어 반응속도를 구한다.

이론적 배경

열역학(thermodynamics)의 자유에너지(free energy)와 평형상수(equilibrium constant)로부터 화학 반응의 자발성(spontaneity)을 알 수 있다. 그러나 열역학만으로 우리 세상의 화학적 변화를 설명할 수는 없다. 자발적 반응이더라도 반응속도(reaction rate)가 너무 오래 걸린다면, 실생활에 유용한 반응이 될 수 없고, 실험실이나 산업 현장에서 사용할 수 없다. 화학적 변화를 생각할 때, 항상 열역학과 반응속도 두 가지 측면을 동시에 고려할 필요가 있다.

화학반응의 반응속도는 온도, 농도, 압력, 촉매 등 다양한 요인에 의해 결정된다. 화학반응의 반응속도를 조절하기 위해서는 분자들 사이에서 반응이 일어나는 경로인 반응 메커니즘(reaction mechanism)을 연구하여 속도 결정 단계(rate-determining step or RDS)를 밝혀야 한다. 화학반응 속도론(chemical kinetics)에서는 이러한 반응 메커니즘을 규명하는 것이 주된 연구 목표가 된다. 즉, 반응 메커니즘의 규명 없이는 특정 화학반응의 속도를 제대로 설명하기 어렵게 된다. 반응물의 농도에 의존하는 화학반응속도는 다음의 식 (1)과 같이 **반응속도 법칙(rate law)** 또는 속도식으로 표현할 수 있다. 속도식의 κ는 반응속도 상수(rate constant)이고, m과 n은 반응 차수(reaction order)이다.

$$\nu = \kappa[A]^m[B]^n \quad (1)$$

비타민 C(L-ascorbic acid)는 생명체 내에서 환원제(reducing agent 또는 항산화제, antioxidant)로 사용된다. 대사과정에서 발생하는 산화제들(oxidizing agent), 즉 활성산소종(reactive oxygen species, ROS)과 산화-환원 반응을 통해, 이들 불안정하고 반응성이 높은 활성산소종을 중화시키고 우리의 몸을 산화(=노화, aging)로부터 보호하는 역할을 한다. 또한 비타민 C는 콜라겐의 합성에 중요한 효소인 hydroxylase의 활성에 반드시 필요한 조효소(cofactor) 역할을 한다. 쉽게 생각해서 비타민 C는 우리 몸 안에서 전자가 필요할 때 제공을 해주는 역할을 한다고 생각하면 되겠다. 반면 대표적인 산화제로 알려진 아이오딘(I_2)은 전자를 빼앗아 아이오딘화 이온(I^-, iodide)으로 변하는 과정이 열역학적으로 자발적이다($E^o > 0$, $\Delta G^o < 0$, 부록의 표준환원전위 표 참고). 따라서 비타민 C와 아이오딘(I_2)이 만나면 자연스럽게 산화-환원 반응이 일어나고, 전자를 얻은 아이오딘화 이온(I^-, iodide)과 전자를 빼앗긴 dehydro-L-ascorbic acid가 생성된다(반응식 (2)). 이후 dehydro-L-ascorbic acid는 물과 반응하여 안정한 2,3-diketo-L-gulonic acid로 변한다(반응식 (3)).

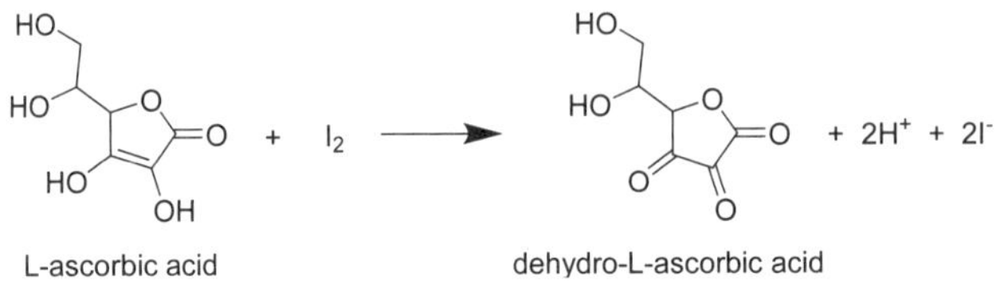

L-ascorbic acid + I_2 → dehydro-L-ascorbic acid + $2H^+$ + $2I^-$ (2)

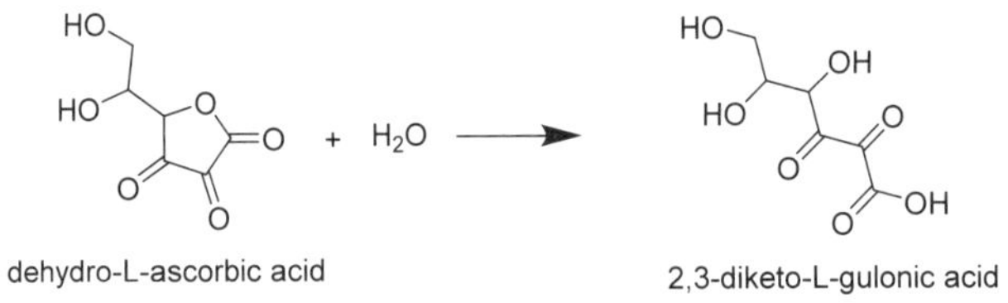

dehydro-L-ascorbic acid + H_2O → 2,3-diketo-L-gulonic acid (3)

$$H_2O_{2(aq)} + 2I^-_{(aq)} + 2H^+_{(aq)} \rightarrow I_{2(aq)} + 2H_2O_{(l)} \quad (4)$$

$$I_{2(aq)} + I^-_{(aq)} \rightarrow I_3^-{}_{(aq)} \quad (5)$$

아이오딘화 이온은 또 다른 산화제인 과산화수소(H_2O_2)와 반응하여 아이오딘으로 산화된다. 이때 용액 속 아이오딘은 아이오딘화 이온과 만나, I_3^- 이온(triiodide)을 형성한다. 이 I_3^- 이온은 녹말과 만나 진한 청색을 띄는 것으로 알려져 있다. 이 때문에 비타민 C와 아이오딘(I_2)이 함께 녹아 있는 용액에 과산화수소와 녹말을 넣어주면, 비타민 C가 모두 소모된 후 생성된 I_3^- 이온과 녹말이 만나 투명한 용액이 진한 청색으로 갑자기 바뀐다. 이렇게 화학반응의 속도 결정 단계를 지난 후 색 변화가 뚜렷하게 나타나는 반응을 시계 반응(clock reaction)이라 한다. 본 실험에서는 비타민 C 시계 반응((2)와 (4) 반응) 반응속도를 측정하여 반응 차수와 반응속도 상수를 구하고자 한다.

실험 도구 및 시약

비커(beaker, 100 mL, 10개), 비커(beaker, 25 mL, 10개), 자석교반기, 교반자석, 홀피펫(volumetric pipette), 스톱워치, 아이오딘화 소듐 용액(0.2 M in H_2O), 과산화수소 용액(0.88 M in H_2O), 녹말(starch) 용액(1%(w/v) in H_2O), 비타민 C 용액(1000 mg 비타민 C정을 60 mL 증류수에 녹임)

실험 과정

실험 A. 아이오딘화 이온 농도 [I^-]에 따른 반응속도 변화 관찰

1. 아래의 표를 참고하여 각각의 시약의 알맞은 용량을 10개의 비커에 채운다.

비커 번호	NaI 용액 부피(mL)	증류수 부피(mL)	비타민 C 용액 부피(mL)
1A	50	0	2.5
2A	40	10	2.5
3A	30	20	2.5
4A	20	30	2.5
5A	10	40	2.5

비커 번호	H_2O_2 용액 부피(mL)	녹말 용액 부피(mL)
1B	10	2.5
2B	10	2.5
3B	10	2.5
4B	10	2.5
5B	10	2.5

2. 자석교반기 위에 비커 1A을 올려둔 후 교반자석을 넣는다. 1B 비커의 용액을 교반기 위 1A 비커에 붓는 동시에 시간을 측정한다(용액을 옮겨 부을 때 튀지 않도록 조심한다). 색의 변화가 처음 나타나는 순간까지 시간을 결과(표 1)에 작성한다.

3. 위의 과정을 각각의 비커에 대해 반복한다.

실험 B. 과산화수소 농도 [H_2O_2]에 따른 반응속도 변화 관찰

1. 아래의 표를 참고하여 각각의 시약의 알맞은 용량을 10개의 비커에 채운다.

비커 번호	NaI 용액 부피(mL)	비타민C 용액 부피(mL)
1A	50	2.5
2A	50	2.5
3A	50	2.5
4A	50	2.5
5A	50	2.5

비커 번호	H_2O_2 용액 부피(mL)	증류수 부피(mL)	녹말 용액 부피(mL)
1B	10	0	2.5
2B	8	2	2.5
3B	6	4	2.5
4B	4	6	2.5
5B	2	8	2.5

2. 교반기 위에 비커 1A을 올려둔 후 교반자석을 넣는다. 1B 비커의 용액을 교반기 위 1A 비커에 붓는 동시에 시간을 측정한다(용액을 옮겨 부을 때 튀지 않도록 조심한다). 색의 변화가 처음 나타나는 순간 시간을 결과(표 2)에 작성한다.

3. 위의 과정을 각각의 비커에 대해 반복한다.

결과 및 토의

1. 아래의 표에 실험 A, B에서 색 변화가 관찰된 시간을 기록한다.

표 1. 실험 A

실험 A	
Beaker #	Time(s)
1A-1B	
2A-2B	
3A-3B	
4A-4B	
5A-5B	

표 2. 실험 B

실험 B	
Beaker #	Time(s)
1A-1B	
2A-2B	
3A-3B	
4A-4B	
5A-5B	

2. 각각의 비커를 혼합하기 전, 아래의 표에 아이오딘화 이온 농도 [I^-]와 과산화수소 농도 [H_2O_2]의 초기 농도를 작성한다. Time(s) 열(column)에는 각각의 조건에서 처음 색 변화를 관찰한 시간을 기록한다.

표 3. 아이오딘화 이온 농도 [I^-]에 따른 반응속도 변화

[I^-](mol/L)	[H_2O_2](mol/L)	Time(s)

표 4. 과산화수소 농도 [H_2O_2]에 따른 반응속도 변화

[I^-](mol/L)	[H_2O_2](mol/L)	Time(s)

3. 표 3을 참고하여 아이오딘화 이온의 농도(y 축, mol/L)와 시간(x 축, s) 그래프 1을 그린다.

4. 표 4를 참고하여 과산화수소의 농도(y 축, mol/L)와 시간(x 축, s) 그래프 2를 그린다.

5. 그래프 1에서 초기 아이오딘화 이온 농도 $[I^-]$가 0.03, 0.09, 0.15 mol/L일 때 기울기를 구하여 순간 반응속도를 계산한다.

6. 그래프 2에서 초기 과산화수소 농도 $[H_2O_2]$가 0.03, 0.08, 0.14 mol/L일 때 기울기를 구하여 순간 반응속도를 계산한다.

7. 비타민 C 시계 반응의 반응속도 법칙(rate law)에 대해 논의한다.

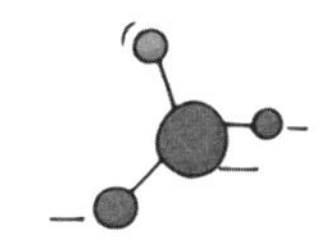

분광법을 이용한 금속이온의 정량분석
(Spectrophotometric analysis of metal ions)

18

분광법을 이용한 금속이온의 정량분석
(Spectrophotometric analysis of metal ions)

목표

- ✓ 표준용액 제조에 필요한 몰 농도를 계산할 수 있다.
- ✓ Stock solution을 희석하여 다양한 농도의 표준용액을 만들 수 있다.
- ✓ 표준용액으로부터 얻은 흡광도 데이터를 이용하여 Beer 법칙 그래프를 그릴 수 있다.
- ✓ Beer 법칙 그래프로부터 금속이온의 미지 농도를 알아낼 수 있다.

이론적 배경

자외선(ultraviolet), 가시광선(visible)과 같은 복사선이 투명한 물질 층을 통과하는 경우 특정 주파수(=에너지)의 복사선 세기가 선택적으로 감소되는 경우가 있는데, 이러한 현상을 흡수(absorption)라고 한다. 이때 빛 에너지의 일부는 물질의 원자 또는 분자로 이동되고, 특히 자외선과 가시광선에 해당하는 에너지의 빛은 분자의 최외각 전자(valence electron)를 높은 에너지 상태로 여기(excitation)시킨다. 그 결과 분자는 바닥 에너지 상태(ground state)에서 들뜬 상태(excited state)로 된다. 약 400~750 nm 파장대의 빛은 가시광선 영역이다. 이에 해당하는 에너지의 빛은 사람의 눈에 색깔로 나타나 보이게 된다.

전이금속(transition metal) 이온과 리간드(ligand)가 배위결합(coordination bonding)을 하여 형성하는 배위화합물(또는 착화합물, coordination complex)은 분자 내의 최외각 전자가 들뜬 상태로 여기되는 데 필요한 에너지가 가시광선 파장대에 해당하는 경우가 많고, 따라서 전이금속 배위화합물은 색을 띄는 경우가 많다. 단 사람이 특정 물질의 색을 볼 때, 물질이 내는 빛을 관찰하는 것이 아니라 반사된 빛을 보는 것이다. 같은 맥락으로 우리의 눈이 감지하는 색은 분자가 흡수하는 빛의 파장의 색이 아니라 그것의 보색(complementary color)이다. (표 1)

표 1. 화합물에 흡수된 빛의 색과 관찰되는 색 사이의 관계

Absorbed color	Absorbed wavelengths[nm]	Commplementary color
violet	380－435	yellow-green
blue	435－480	yellow
green-blue	480－490	orange
green	490－560	red
yellow-green	560－595	purple
orange	595－650	green-blue
red	650－780	blue-green

분광광도계(spectrophotometer)를 이용한 흡수분광법(absorption spectrosocpy)을 사용하면, 용액 중의 특정 분자가 빛을 흡수하는 성질을 이용하여 시료의 농도를 측정할 수 있다. 농도가 높을수록 흡수되는 빛의 양은 많아지고, 농도가 낮을수록 흡수되는 빛의 양은 적어지므로 용액을 투과한 빛의 세기를 측정하고 비교, 분석하는 조작을 통하여 정량분석(quantative analysis)을 할 수 있다. 분광광도계는 일반적으로 광원, 서로 다른 파장으로 빛을 분리하는 회절격자, 샘플 홀더 및 샘플을 통과하는 빛의 양을 감지하는 감지기(detector)를 포함한다.

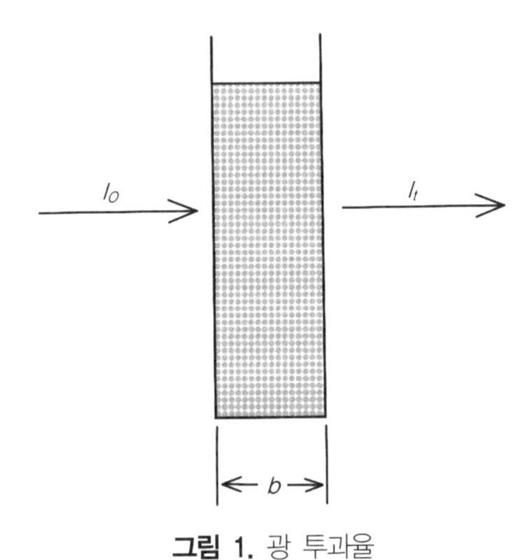

그림 1. 광 투과율

농도와 흡광도(absorbance)의 비례적 관계를 가장 잘 설명하는 것이 Beer-Lambert 법칙이다. 이에 따르면 광원으로부터 조사된 빛이 시료를 통과하기 전 빛 에너지 양을 I_o, 시료를 투과하

고 난 후의 빛 에너지 양을 I_t라 한다면 이 둘의 비율을 투과도(transmittance, T)라고 한다. I_t는 I_o보다 항상 작거나 같으므로 이 값은 통상 %로 표현할 수 있다.

$$\frac{I_t}{I_o} \times 100 = \%T$$

Lambert와 Beer는 각각 시료의 농도 및 빛이 투과하는 거리와 투과도의 관계를 연구하여 다음과 같이 정리하였다. 실험적으로 빛의 투과도보다는 흡광도가 많이 사용되는데 흡광도 $A = -\log T$의 관계로 성립한다.

$$A = \log \frac{I_o}{I_t} = \log \frac{1}{T} = \log \frac{100}{\%T} a \cdot b \cdot c \quad \text{(Beer 법칙)}$$

a는 농도가 g/L일 때의 상수로 흡광계수이고, b는 센티미터로 나타낸 실제 흡수용기(cell)의 두께(보통 1 cm)이고, c는 흡수 물질의 몰 농도이다.

물질 유형과 경로 길이가 일정하다면, 흡광도는 용액에서 물질의 농도(몰 농도)에 비례한다. 알려진 농도의 여러 용액의 흡광도를 측정할 수 있다. 흡광도 대 농도의 결과를 그래프로 나타내면 결과는 직선이 된다(그림 2). 그런 다음 미지의 용액의 흡광도를 측정하여 농도를 예측 분석할 수 있다. 미지의 샘플 농도를 결정하기 위해, 관찰한 흡광도 값을 그래프 y축에서 찾고, 이 값에 해당하는 x축 값을 찾아서 농도를 결정할 수 있다.

(※그림 2와 같은 표준용액의 농도－흡광도 그래프를 통해서 미지의 샘플 농도를 측정하는 경우, 다음과 같은 주의사항이 있다. 우선 표준용액의 개수가 충분히 많아야 하고(약 4개 이상 정도), 이 그래프가 직선에 최대한 가까운 선형관계(linearity)에 있는지 확인한다. 그리고 미지의 샘플의 농도가 표준용액의 최소 농도 아래 또는 최대 농도 위에 위치하지 않도록 한다. 즉, 내삽(interpolation)을 하도록 하고, 불가피한 경우가 아니면 외삽(extrapolation)은 피하도록 한다. 이렇게 하면 측정된 값의 신뢰도가 높아지게 된다.)

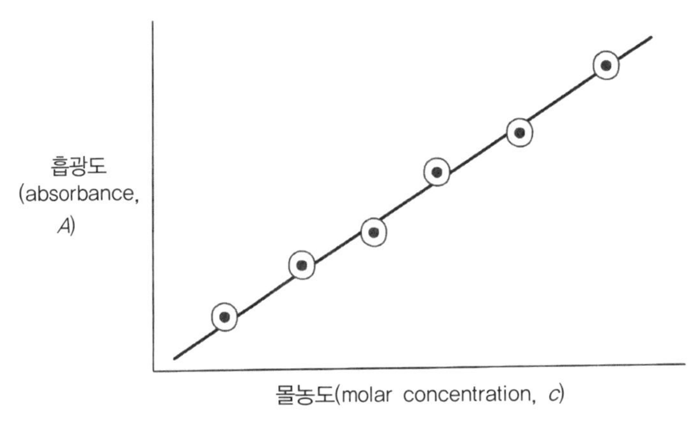

그림 2. 흡광도와 농도의 관계

실험 도구 및 시약

UV-Vis 분광광도계, 큐벳(cuvette), 50 mL 비커, 100 mL 비커, 50 mL 부피 플라스크, 10 mL 부피 플라스크, 1 mL 피펫, 5 mL 피펫, 킴와이프스(kimwipes, 세척 티슈), 0.2 M $CuSO_4 \cdot 5H_2O$, 0.1 M HNO_3

실험 과정

실험 A. Stock solution(0.2 M $CuSO_4 \cdot 5H_2O$ 용액) 50 mL 제조

1. Stock solution을 만들기 위해 필요한 $CuSO_4 \cdot 5H_2O$의 질량을 취한다. (측정한 무게를 소수점 둘째 자리까지 기록)
2. 50 mL 부피 플라스크에 $CuSO_4 \cdot 5H_2O$를 흘리지 않게 담고, weighing dish에 남아 있는 $CuSO_4 \cdot 5H_2O$도 0.1 M HNO_3로 씻어 넣는다.
3. 0.1 M HNO_3를 50 mL 부피 플라스크에 절반 정도 채운 후, 고체가 모두 용해될 때까지 잘 흔들어준다.
4. 고체가 완전히 용해되면 부피 플라스크의 눈금까지 0.1 M HNO_3로 채운다.

실험 B. 표준용액 준비

1. 아래 표를 참고하여 깨끗하고 표지된 10 mL 부피 플라스크를 이용하여 용액을 만든다.

Standard solution	0.2 M Metal ion	0.1 M HNO_3
Blank	0	Dilute to 10 mL
1	0.4 mL	Dilute to 10 mL
2	2.0 mL	Dilute to 10 mL
3	4.0 mL	Dilute to 10 mL
4	8.0 mL	Dilute to 10 mL
5	10 mL	

실험 C. 흡광도 측정

1. 큐벳에 각 용액을 소량씩 담아 헹구는 것을 두 번 실시하고, 마지막으로 용기의 2/3 정도 채운다.
2. 조교로부터 미지 농도 용액을 받아 큐벳에 1과 같이 헹구고 담는다.
3. 자외선-가시광선 분광기의 초기 설정은 조교가 설정해놓는다.
4. 분광기에 큐벳을 넣기 전에 큐벳의 빛이 통과하는 부분을 킴와이프(Kim wipe)를 이용하여 잘 닦아준다.
5. 흡광도를 측정하고 기록한다. (측정파장은 λ=620 nm)

결과 및 토의

1. Stock solution을 만드는 데 사용한 $CuSO_4 \cdot 5H_2O$의 실제 질량 __________ g

2. Stock solution의 실제 농도 __________ M

3. 용액과 미지시료의 흡광도와 농도

Standard Solution	Volume of Standard Solution(mL)	Absorbance	Calculated Molar Concentration
Blank	0		
1	0.4		
2	2.0		
3	4.0		
4	8.0		
5	10		
unknown			

4. 세로축을 Absorbance, 가로축을 Concentration(M) of Cu^{2+}로 하여 그래프를 그리시오. 그래프를 그릴 때 다음 사항을 반드시 확인한다.

- 그래프의 제목
- 축의 선택, 값의 의미, 단위
- 실험 값 point(굳이 좌표로 나타낼 필요는 없으나 자신의 값이 point로 나타나야 한다. 추세선인 직선 모두가 실험 값이 아니기 때문이다.)
- 추세선: 직선, 추세선식

5. 추세선 식을 이용하여 미지시료의 Cu^{2+}의 농도를 결정하시오.

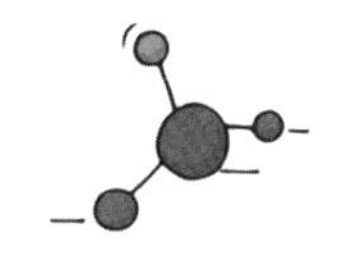

태양전지
(Solar Cells)

19

태양전지(Solar Cells)

목표

✓ 간단한 태양전지를 제작해보면서 광합성과 태양전지의 원리를 이해한다.
✓ 천연염료를 이용하여 빛 에너지를 전기로 변환한다.

이론적 배경

기존의 화석연료 발전과 원자력 발전으로 발생한 환경오염과 안전 문제로 인해 과학자들은 새로운 에너지원을 찾기 시작했다. 빛 에너지를 사용하는 광합성 과정에서 영감을 받아 과학기술자들은 태양전지를 개발하고 있다. 태양전지는 태양으로부터 지구에 도달하는 빛 에너지를 전기 에너지로 전환하여 사용 가능한 전력을 생산한다. 자연에서 광합성을 하는 조류, 식물, 광합성 박테리아는 태양의 빛 에너지를 광합성을 통해 포도당($C_6(H_2O)_6$) 같은 화학 에너지로 저장한다. 광합성에서 사용되는 거대한 단백질 복합체인 광계(photosynthetic system)는 지구상에 존재하는 가장 정교한 에너지 수확 및 저장 시스템이다.

광합성에서 제일 첫 단계는 빛 에너지 혹은 광자가 광수확 안테나 복합체(light-harvesting antenna complexes)에 의해 흡수되는 과정이다. 자연은 엽록소(chlorophyll), 카로티노이드(carotenoid)와 플라보노이드(flavonoid) 등의 천연염료를 광수확 안테나 분자로 사용한다. 광자를 흡수한 염료는 들뜬 상태(excited state)가 되고 이 에너지를 주변 염료에 전달한다. 이렇게 전달된 에너지는 광계의 반응 중심(reaction center)으로 모인다. 반응 중심은 주변 염료로부터 모인 에너지를 이용하여 물을 분해시키고, 산소 분자와 수소이온 및 전자를 만든다. 이때 생성된 전자는 광계 I, II를 통하여 전달되고, 이산화탄소의 환원 및 화학결합을 만드는 데 사용된다.

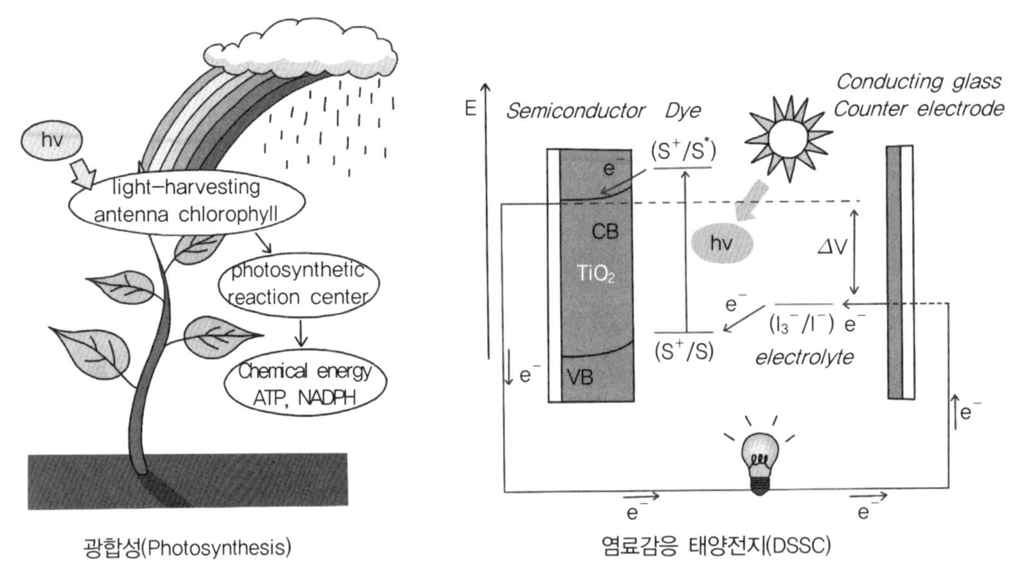

그림 1. Photosynthesis and Dye-Sensitized Solar Cells

광합성에서 전자가 만들어지는 원리를 모사하여 과학자들은 태양전지 효율을 높이는 데 응용하였고, 평균 효율이 10% 이상인 염료감응형 태양전지(Dye-sensitized solar cell, DSSC)를 개발하였다. DSSC는 1991년 스위스의 Michael Grätzel 교수에 의하여 처음 보고되었다. 그래서 DSSC는 Grätzel cell이라고 불린다. DSSC는 그림 1에서 나타난 것처럼 4개의 구성요소로 이루어져 있다. 염료 분자(dye), TiO_2 나노 필름(semiconductor), 전해질(electrolyte), 투명한 전도성의 전극(counter electrode)이 DSSC의 구성요소이다. TiO_2 나노 필름은 염료 분자를 고정 혹은 흡착할 수 있는 표면을 제공한다. TiO_2에 흡착된 염료 분자는 광자를 흡수하여 전자와 홀 쌍을 전극 표면에서 생성한다. TiO_2의 전도띠(conduction band, CB)의 에너지 준위가 염료 분자의 들뜬 상태의 에너지 준위보다 낮기 때문에, 염료 분자에서 생성된 전자는 TiO_2 전극 표면으로 주입된다. 홀(양자)은 전해질의 산화-환원쌍(예시; I^-/I_3^-)에 의하여 사라진다. 대전극(counter electrode)으로부터 전해질의 산화-환원쌍이 전자를 받으며, DSSC의 전류가 흐른다.

천연염료 중 안토시아닌(anthocyanin) 계열의 분자들은 블랙베리, 라즈베리, 딸기 등의 과육에 함유되어 빨간색과 주황색 같은 고유의 색을 띠게 해준다. 안토시아닌 계열의 분자는 다량의 하이드록실(-OH)을 지니고 있어서, TiO_2 표면에 용이하게 흡착할 수 있다. 그 때문에 DSSC의 염료로 안토시아닌 계열의 분자들이 자주 사용된다.

실험 도구와 시약

멀티미터, 클립 전선(alligator clip), 아이오딘/트라이 아이오딘 전해질 용액, TiO_2 paste, FTO 유리 전극(2×2.5×0.3 cm), 일회용 피펫, 연필, 바인더 클립, 핀셋, 투명 테이프, 가열교반기(hot plate), 에탄올, 증류수, 라즈베리, 복분자(rubus coreanus)

실험 과정

실험 A. 유리판 전도도 테스트

1. 클립 전선을 멀티미터와 연결한다.
2. 멀티미터를 켠 후, 유리판의 저항을 측정하기 위하여 멀티미터 모드를 저항(resistance)으로 조절한다.
3. 두 개의 probe를 유리판 표면에 접촉할 때 멀티미터에 저항값을 읽는다. 멀티미터로 저항을 측정할 수 없을 경우, 비전도성 표면을 측정한 것이므로 유리판을 뒤집어 전도성 표면의 저항을 측정한다.

실험 B. 유리판에 TiO_2 paste 바르기

1. 유리판의 전도성 표면을 위로 향하게 한다.
2. 투명 테이프를 유리판의 양 끝 모서리에 수평으로 붙인다.
3. Pateur pipette을 사용하여, 유리판에 TiO_2 paste를 적당량 떨어트린다.
4. TiO_2 paste가 유리판에 고르게 퍼질 수 있도록 신속하게 유리판 표면을 문지른다.
5. 몇 분간 상온에서 마르도록 기다린다.
6. 투명 테이프를 제거한다.

실험 C. 전극 신터링(sintering)하기 - 열을 통해 TiO_2 전극을 하나의 덩어리로 제조

1. 가열교반기를 알루미늄 호일로 덮는다.
2. 유리판의 전도성 표면을 위로 향하게 하여 가열교반기 위에 올려둔다.
3. 가열교반기의 온도를 400도로 올려준다. (화상 주의!)
4. 30분간 신터링을 한다. 신터링하는 동안 TiO_2 paste가 갈색으로 변했다가, 시간이 더 지나면, 완전히 흰색으로 색깔이 변하게 된다.
5. 전극을 가열기에서 알루미늄 호일과 함께 꺼내놓은 후 식혀준다. (화상 주의!)

실험 D. 과즙 바르기

1. 라즈베리나 복분자를 패드리 디쉬에 올려둔다.
2. 막자를 이용하여 과육을 으깨어 과즙을 짜낸다.
3. 핀셋을 사용하여 TiO_2 paste가 발라진 유리판을 과즙이 담긴 패트리 디쉬에 넣어둔다.
4. 15분간 기다린다.

실험 E. 대전극(counter electrode) 준비하기

1. 작은 유리판의 저항 값을 멀티미터를 이용하여 측정하여 전도성을 확인한다.
2. 작은 유리판의 표면을 연필(탄소)을 이용하여 칠한다.

실험 F. 전극 세척하기

1. 전극 세척을 위해 비커를 준비한다.
2. 핀셋을 사용하여 과즙에 담긴 전극을 조심스럽게 빼낸다. TiO_2 표면을 만지지 않도록 주의한다.
3. 증류수와 에탄올을 이용하여 전극을 세척한다.

실험 G. 염료감응형 태양전지(DSSC) 조립하기

1. 과즙에 담가 주었던 전극 위에 대전극(counter electrode)을 올려둔다. 이때 두 전극의 전도성 표면을 맞댄다.
2. 바인더 클립을 이용하여 두 전극을 고정시킨다.
3. 드로퍼(dropper)를 이용하여 전해질 용액을 전극 사이에 떨어트린다.

실험 H. 염료감응형 태양전지(DSSC) 전류 측정하기

1. 조립한 태양전지를 멀티미터에 연결한다.
2. 형광등 불빛을 염료감응형 전극에 비추며, 태양전지의 전류와 전압을 측정한다.
3. 측정한 전류 값을 기록한다.

결과 및 토의

1. 염료감응형 태양전지의 과즙을 묻힌 전극에 광원 불빛을 가까이 비추면 전류 값이 어떻게 변하는가?

2. 광원의 불빛이 대전극을 먼저 지나게 비추면 전류 값은 어떻게 변하는가?

3. 제작한 태양전지에서 측정한 최대 전압 값은 얼마인가?
   최대 전압 값과 아래의 식을 이용하여, 60 W 전력의 전구를 밝히기 위해 필요한 전류 값을 구하시오(Watt=Volts×Amperes). 태양전지 하나가 50 mA/cell이라 가정하고, 태양전지를 병렬로 연결할 때(전지를 병렬연결 시, 총 전류 값은 각각의 전류 값을 더한 값), 60 W 전구를 밝히기 위해 몇 개의 태양전지가 필요한가? 위의 계산 값을 고려하여, 제작한 염료감응형 태양전지의 효용성을 평가하시오.

4. 안토사이아닌(anthocyanin), 엽록소(chlorophyll), 카로티노이드(carotenoid)는 광합성에 사용되는 천연염료이다. 이들의 분자 구조를 조사하여, 어떻게 가시광선을 흡수할 수 있는지 설명하시오. (Hint : π-conjuation)

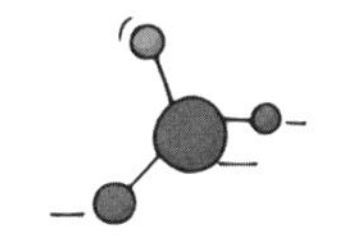

부 록(Appendix)

1 화학 실험기구

비커(beaker)

삼각플라스크(Erlenmeyer flask)

둥근바닥플라스크(round-bottomed flask)

감압플라스크(suction flask)

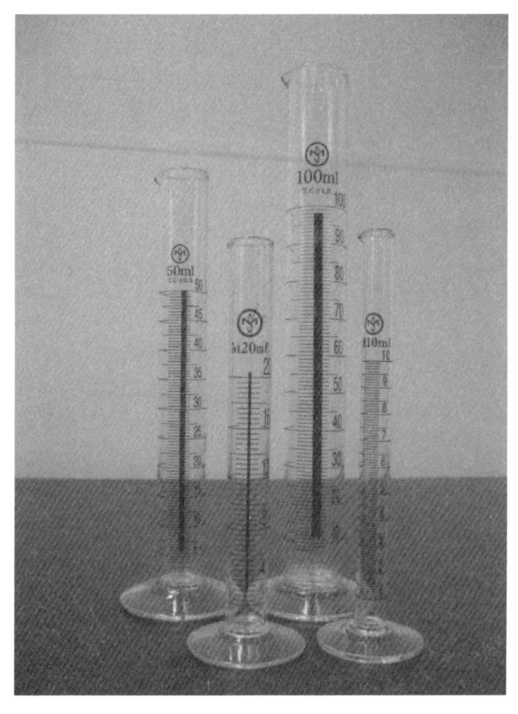

눈금실린더(graduated cylinder)

눈금피펫(graduated pipette)

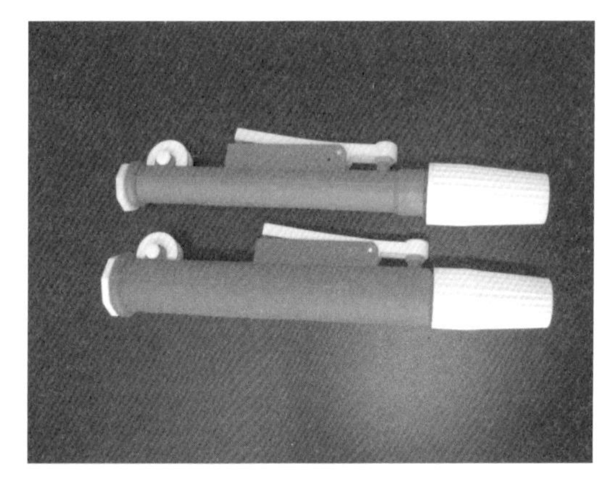

피펫필러(pipette filler)

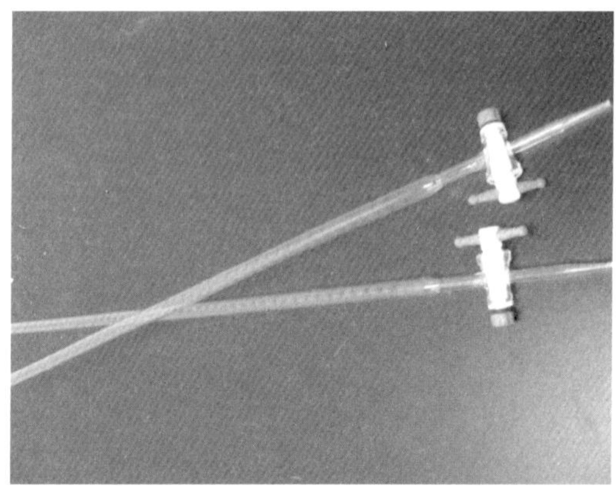

뷰렛(burette)

부피플라스크(volumetric flask)

깔때기(funnel)

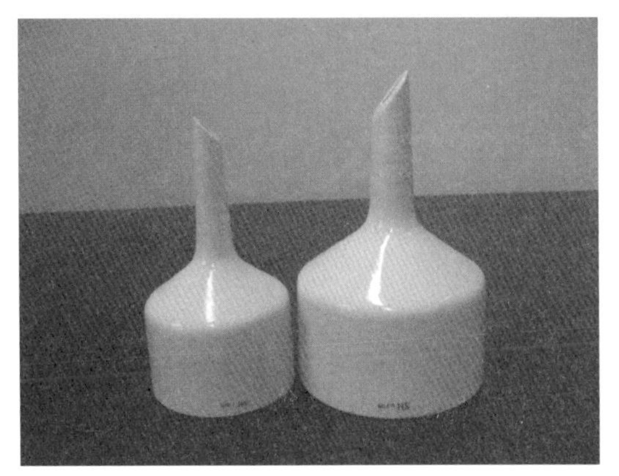

뷰흐너 깔때기(Buchner funnel)

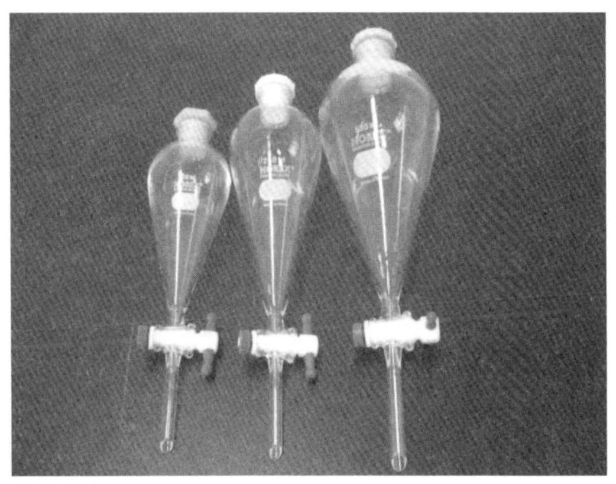

분별깔때기(separatory funnel)

전개병(TLC chamber)

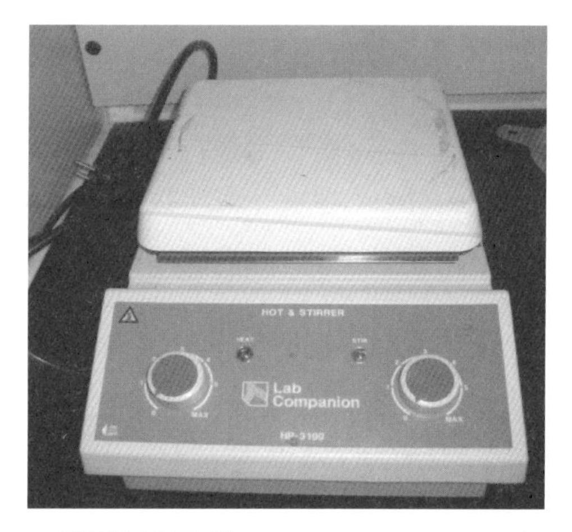

가열판/자석젓개(magnetic strring hot plate)

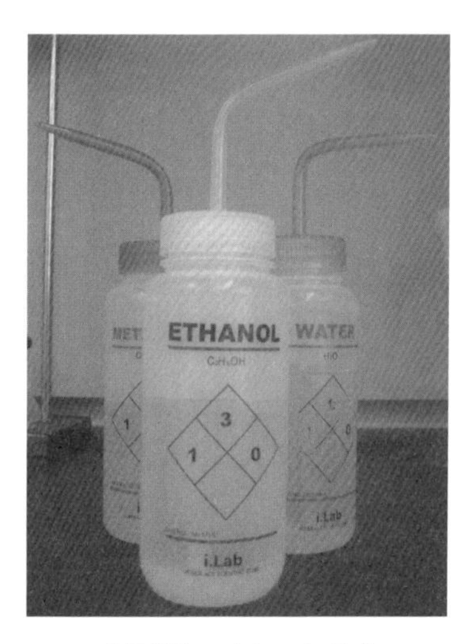

씻기병(washing bottle)

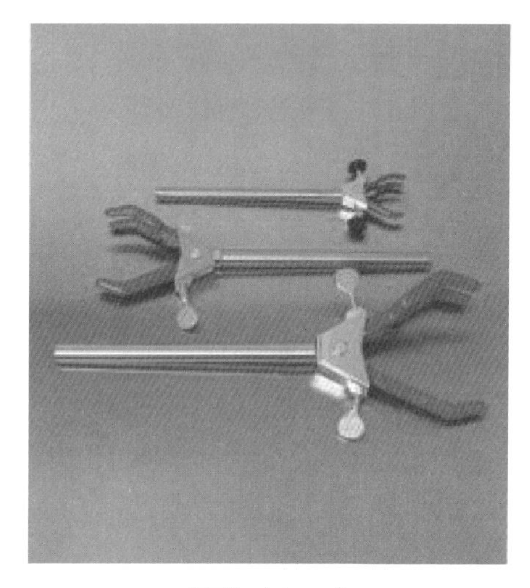

클램프(clamp)

클램프홀더(clamp holder)

링 클램프(ring clamp)

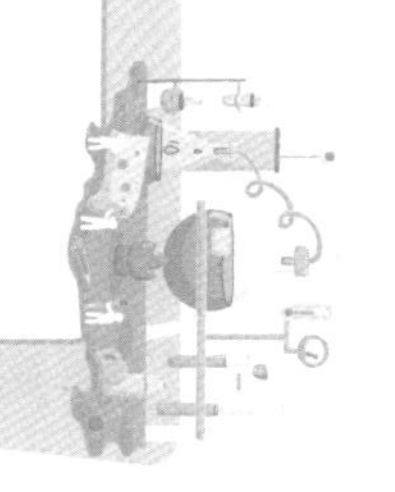

2 주기율표

주기 \ 족	1	2	3	4	5	6	7	8	9	10	11	12	13	14	15	16	17	18
1	1 H 수소 1.0																	2 He 헬륨 4.0
2	3 Li 리튬 6.9	4 Be 베릴륨 9.0											5 B 붕소 10.8	6 C 탄소 12.0	7 N 질소 14.0	8 O 산소 16.0	9 F 플루오린 19.0	10 Ne 네온 20.2
3	11 Na 나트륨 23.0	12 Mg 마그네슘 24.3											13 Al 알루미늄 27.0	14 Si 규소 28.1	15 P 인 31.0	16 S 황 32.1	17 Cl 염소 35.5	18 Ar 아르곤 39.9
4	19 K 칼륨 39.1	20 Ca 칼슘 40.1	21 Sc 스칸듐 45.0	22 Ti 타이타늄 47.9	23 V 바나듐 50.9	24 Cr 크로뮴 52.0	25 Mn 망가니즈 54.9	26 Fe 철 55.8	27 Co 코발트 58.9	28 Ni 니켈 58.7	29 Cu 구리 63.5	30 Zn 아연 65.4	3 Ga 갈륨 69.7	32 Ge 저마늄 72.6	33 As 비소 74.9	34 Se 셀레늄 79.0	35 Br 브로민 79.9	36 Kr 크립톤 83.8
5	37 Rb 루비듐 85.5	38 Sr 스트론튬 87.6	39 Y 이트륨 88.9	40 Zr 지르코늄 91.2	41 Nb 나이오븀 92.9	42 Mo 몰리브데넘 95.9	43 Tc 테크네튬 [97]	44 Ru 루테늄 101.1	45 Rh 로듐 102.9	46 Pd 팔라듐 106.4	47 Ag 은 107.9	48 Cd 카드뮴 112.4	49 In 인듐 114.8	50 Sn 주석 118.7	51 Sb 안티모니 121.8	52 Te 텔루륨 127.6	53 I 아이오딘 126.9	54 Xe 제논 131.3
6	55 Cs 세슘 132.9	56 Ba 바륨 137.3	57~71 란타넘족	72 Hf 하프늄 178.5	73 Ta 탄탈럼 180.9	74 W 텅스텐 183.9	75 Re 레늄 186.2	76 Os 오스뮴 190.2	77 Ir 이리듐 192.2	78 Pt 백금 195.1	79 Au 금 197.0	80 Hg 수은 200.6	81 Tl 탈륨 204.4	82 Pb 납 207.2	83 Bi 비스무트 209.0	84 Po 폴로늄 [209]	85 At 아스타틴 [210]	86 Rn 라돈 [222]
7	87 Fr 프랑슘 [223]	88 Ra 라듐 226.0	89~103 악티늄족															

란타넘족	57 La 란타넘 138.9	58 Ce 세륨 140.1	59 Pr 프라세오디뮴 140.9	60 Nd 네오디뮴 144.2	61 Pm 프로메튬 [145]	62 Sm 사마륨 150.4	63 Eu 유로퓸 152.0	64 Gd 가돌리늄 157.3	65 Tb 터븀 158.9	66 Dy 디스프로슘 162.5	67 Ho 홀뮴 164.9	68 Er 어븀 167.9	69 Tm 툴륨 168.9	70 Yb 이터븀 173.0	71 Lu 루테튬 175.0
악티늄족	89 Ac 악티늄 [227]	90 Th 토륨 232.0	91 Pa 프로트악티늄 231.0	92 U 우라늄 238.0	93 Np 넵투늄 237.0	94 Pu 플루토늄 [244]	95 Am 아메리슘 [243]	96 Cm 퀴륨 [247]	97 Bk 버클륨 [247]	98 Cf 캘리포늄 [251]	99 Es 아인슈타이늄 [254]	100 Fm 페르뮴 [257]	101 Md 멘델레븀 [258]	102 No 노벨륨 [255]	103 Lr 로렌슘 [260]

원자번호 → 1 H ← 원소기호
원소명 → 수소
1.0 ← 원자량
*[ ]내의 수치는 가장 안정적인 동위체의 질량수를 나타냄

3 표준 환원 전위표(25 °C)

산화제 세기	반쪽 반응	E°(V)	환원제 세기
↑ 산화력의 세기가 증가함	$\frac{1}{2}F_2(g) + H^+ + e^- \rightleftarrows HF(aq)$	+3.06	환원력의 세기가 증가함 ↓
	$\frac{1}{2}F_2(g) + e^- \rightleftarrows F^-$	+2.87	
	$H_2O_2(aq) + 2H^+ + 2e^- \rightleftarrows 2H_2O$	+1.77	
	$PbO_2(s) + 4H^+ + SO_4^{2-} + 2e^- \rightleftarrows 2H_2O + PbSO_4(s)$	+1.685	
	$Ce^{4+} + e^- \rightleftarrows Ce^{3+}$	+1.61	
	$Bi_2O_4(s) + 4H^+ + 2e^- \rightleftarrows 2H_2O + 2BiO^+$	+1.6	
	$MnO_4^- + 8H^+ + 5e^- \rightleftarrows 4H_2O + Mn^{2+}$	+1.51	
	$Mn^{3+} + e^- \rightleftarrows Mn^{2+}$	+1.51	
	$Au^{3+} + 3e^- \rightleftarrows Au$	+1.50	
	$HClO(aq) + H^+ + 2e^- \rightleftarrows H_2O + Cl^-$	+1.49	
	$ClO_3^- + 6H^+ + 5e^- \rightleftarrows 3H_2O + \frac{1}{2}Cl_2(g)$	+1.47	
	$Co^{3+} + e^- \rightleftarrows Co^{2+}$	+1.45	
	$\frac{1}{2}Cl_2 + e^- \rightleftarrows Cl^-$	+1.3595	
	$Cr_2O_7^{2-} + 14H^+ + 6e^- \rightleftarrows 7H_2O + 2Cr^{3+}$	+1.33	
	$MnO_2(s) + 4H^+ + 2e^- \rightleftarrows 2H_2O + Mn^{2+}$	+1.23	
	$O_2(g) + 4H^+ + 4e^- \rightleftarrows 2H_2O$	+1.229	
	$\frac{1}{2}Br_2(g) + e^- \rightleftarrows Br^-$	+1.0652	
	$AuCl_4^- + 3e^- \rightleftarrows 4Cl^- + Au$	+1.00	
	$NO_3^- + 4H^+ + 3e^- \rightleftarrows 2H_2O + NO(g)$	+0.96	
	$2Hg^{2+} + 2e^- \rightleftarrows Hg_2^{2+}$	+0.92	
	$ClO^- + H_2O + 2e^- \rightleftarrows 2OH^- + Cl^-$	+0.89	
	$HO_2^- + H_2O + 2e^- \rightleftarrows 3OH^-$	+0.88	
	$Hg^{2+} + 2e^- \rightleftarrows Hg(l)$	+0.854	
	$O_2 + 4H^+(10^{-7}\ M) + 4e^- \rightleftarrows 2H_2O$	+0.815	
	$Ag^+ + e^- \rightleftarrows Ag$	+0.79991	
	$Hg_2^{2+} + 2e^- \rightleftarrows 2Hg(l)$	+0.789	
	$Fe^{3+} + e^- \rightleftarrows Fe^{2+}$	+0.771	
	$O_2(g) + 2H^+ + 2e^- \rightleftarrows H_2O_2(aq)$	+0.682	
	$MnO_4^- + 2H_2O + 3e^- \rightleftarrows 4OH^- + MnO_2(s)$	+0.60	
	$I_3^- + 2e^- \rightleftarrows 3I^-$	+0.54	
	$\frac{1}{2}I_2(aq) + e^- \rightleftarrows I^-$	+0.536	
	$MnO_2(s) + H_2O + NH_4^+ + e^- \rightleftarrows NH_3 + Mn(OH)_3(s)$	+0.50	
	$O_2(g) + 2H_2O + 4e^- \rightleftarrows 4OH^-$	+0.401	
	$Cu^{2+} + 2e^- \rightleftarrows Cu$	+0.337	
	$BiO^+ + 2H^+ + 3e^- \rightleftarrows H_2O + Bi$	+0.32	
	$HAsO_2(aq) + 3H^+ + 3e^- \rightleftarrows 2H_2O + As$	+0.2475	

산화제 세기	반쪽 반응	E°(V)	환원제 세기
↑	$AgCl(s) + e^- \rightleftarrows Cl^- + Ag$	+0.2222	↓
	$SbO^+ + 2H^+ + 3e^- \rightleftarrows H_2O + Sb$	+0.212	
	$SO_4^{2-} + 4H^+ + 2e^- \rightleftarrows H_2O + H_2SO_3(aq)$	+0.17	
	$Sn^{4+} + 2e^- \rightleftarrows Sn^{2+}$	+0.15	
	$S + 2H^+ + 2e^- \rightleftarrows H_2S(g)$	+0.141	
	$2H^+ + 2e^- \rightleftarrows H_2(g)$	0.000	
	$O_2(g) + H_2O + 2e^- \rightleftarrows OH^- + HO_2-$	−0.076	
	$Pb^{2+} + 2e^- \rightleftarrows Pb$	−0.126	
	$CrO_4^{2-} + 4H_2O^+ + 3e^- \rightleftarrows 5OH^- + Cr(OH)_3(s)$	−0.13	
	$Sn^{2+} + 2e^- \rightleftarrows Sn$	−0.136	
	$Ni^{2+} + 2e^- \rightleftarrows Ni$	−0.250	
	$Co^{2+} + 2e^- \rightleftarrows CO$	−0.277	
산화력의 세기가 증가함	$PbSO_4(s) + 2e^- \rightleftarrows SO_4^{2-} + Pb$	−0.356	환원력의 세기가 증가함
	$Cd^{2+} + 2e^- \rightleftarrows Cd$	−0.403	
	$Cr^{3+} + e^- \rightleftarrows Cr^{2+}$	−0.41	
	$2H^+(10^{-7}\ M) + 2e^- \rightleftarrows H_2(g)$	−0.414	
	$Fe^{2+} + 2e^- \rightleftarrows Fe$	−0.44	
	$S + 2e^-(1\ M\ OH^-) \rightleftarrows S^{2-}$	−0.48	
	$2CO_2(g) + 2H^+ + 2e^- \rightleftarrows H_2C_2O_4(aq)$	−0.49	
	$Cr^{3+} + 3e^- \rightleftarrows Cr$	−0.74	
	$Zn^{2+} + 2e^- \rightleftarrows Zn$	−0.763	
	$2H_2O + 2e^- \rightleftarrows 2OH^- + H_2(g)$	−0.828	
	$SO_4^{2-} + H_2O + 2e^- \rightleftarrows 2OH^- + SO_3^{2-}$	−0.93	
	$Mn^{2+} + 2e^- \rightleftarrows Mn$	−1.18	
	$Al^{3+} + 3e^- \rightleftarrows Al$	−1.66	
	$Mg^{2+} + 2e^- \rightleftarrows Mg$	−2.37	
	$Na^+ + e^- \rightleftarrows Na$	−2.714	
	$Ca^{2+} + 2e^- \rightleftarrows Ca$	−2.87	
	$Sr^{2+} + 2e^- \rightleftarrows Sr$	−2.89	
	$Ba^{2+} + 2e^- \rightleftarrows Ba$	−2.90	
	$Cs^+ + e^- \rightleftarrows Cs$	−2.92	
	$K^+ + e^- \rightleftarrows K$	−2.925	
	$Li^+ + e^- \rightleftarrows Li$	−3.045	

참고문헌

<참고도서>

1. 표준일반화학 실험, 제6개정판, 대한화학회 (실험실 안전, 실험2 재결정과 녹는점 측정, 실험4 카페인 추출, 실험14 엔탈피 측정, 실험16 갈바니 전지, 실험17 시계반응)
2. Experiments in general chemisty, 5th edition, Steven L. Murov (실험1 정확도와 정밀도, 실험2 재결정과 녹는점 측정, 실험15 산염기 적정)
3. Experiments in general chemistry principle & modern applications, 9th edition, Greco (실험3 얇은막 크로마토그래피)
4. Laboratory experiments chemistry, John H. Nelson (실험5 아스피린 합성, 실험 10 분자모델링 1)
5. Laboratory manual for principles of general chemistry, 8th edition, J. A. Beran (실험13 르 샤틀리에 원리, 실험15 산-염기 적정, 실험18 분광법을 이용한 금속이온의 정량분석)
6. Laboratory manual, 5th edition, McMurry (실험3 얇은막 크로마토그래피)
7. Introduction to organic laboratory techniques, 4th Edition, Pavia (실험3 얇은막 크로마토그래피)
8. Essential experiments for chemistry, Morrison S. (실험8 어는점 내림)
9. Experimental chemistry, 8th edition, James Hall (실험15 산-염기 적정)
10. Chemical principles, 5th edition, Peter Atkins (실험6 합성한 아스피린의 분석)

<참고논문>

1. Wright, S. W. The Vitamin C Clock Reaction. *J. Chem. Educ.* **2002**, *79*, 41-43. (실험17 시계반응)
2. Vitz, E. A Student Laboratory Experiment Based on the Vitamin C Clock Reaction. *J. Chem. Educ.* **2007**, *84*, 1156-1157. (실험17 시계반응)
3. Smestad, G. P.; Grätzel, M. Demonstrating Electron Transfer and Nanotechnology : A Natural Dye-Sensitized Nanocrystalline Energy Converter. *J. Chem. Educ.*, **1998**, *75*, 752-756. (실험19 태양전지)

<참고 웹페이지>

1. Chimera homepage : http://www.cgl.ucsf.edu/chimera/ (실험12 분자모델링 3)
2. The solar army : http://www.thesolararmy.org/jfromj/ (실험19 태양전지)

일반화학실험

초 판 발 행 2017년 12월 28일
초 판 2 쇄 2019년 2월 26일

저 자 서지원, 조춘실, 이연재
발 행 인 문승현
발 행 처 GIST PRESS

등 록 번 호 제2013-000021호
주 소 광주광역시 북구 첨단과기로 123, 행정동 207호(오룡동)
대 표 전 화 062-715-2960
팩 스 번 호 062-715-2969
홈 페 이 지 https://press.gist.ac.kr/
인쇄 및 보급처 도서출판 씨아이알(Tel. 02-2275-8603)

I S B N **979-11-952954-4-9 93430**
정 가 **16,000원**

이 도서의 국립중앙도서관 출판시도서목록(CIP)은 서지정보유통지원시스템 홈페이지(http://seoji.nl.go.kr)와 국가자료공동목록시스템(http://www.nl.go.kr/kolisnet)에서 이용하실 수 있습니다.
(CIP제어번호 : CIP2017034993)